JIJIAN QINGSHI

极简轻食

健康 **美味** | 快捷 **方便**

萨巴蒂娜 主编

偷懒无罪 省事有理 可口简餐 一本足矣

青岛出版社
QINGDAO PUBLISHING HOUSE

图书在版编目（CIP）数据

极简轻食 / 萨巴蒂娜主编 . -- 青岛：青岛出版社 ,2019.8

ISBN 978-7-5552-8488-8

Ⅰ . ①极… Ⅱ . ①萨… Ⅲ . ①减肥—食谱 Ⅳ . ① TS972.161

中国版本图书馆 CIP 数据核字 (2019) 第 170770 号

书　　　名	极简轻食
主　　　编	萨巴蒂娜
出 版 发 行	青岛出版社
社　　　址	青岛市海尔路 182 号（266061）
本 社 网 址	http://www.qdpub.com
邮 购 电 话	13335059110　0532-68068026
策 划 编 辑	周鸿媛
责 任 编 辑	逢　丹　杨子涵　俞倩茹
特 约 编 辑	宋总业　马晓莲　李春慧
设　　　计	任珊珊　魏　铭
排 版 制 作	潘　婷　叶德永
制　　　版	青岛帝骄文化传播有限公司
印　　　刷	青岛海蓝印刷有限责任公司
出 版 日 期	2019 年 9 月第 1 版　2019 年 9 月第 1 次印刷
开　　　本	16 开（710 毫米 ×1010 毫米）
印　　　张	13
字　　　数	200 千
图　　　数	792 幅
书　　　号	ISBN 978-7-5552-8488-8
定　　　价	49.80 元

编校质量、盗版监督服务电话　4006532017　0532-68068638

建议陈列类别：生活类　美食类

极简轻食

城市里的人，生活节奏越来越快，人也变得越来越"懒"。

饶是如此，依然有人不愿意用外卖来糊弄自己。人生需要丰富阅历，何不好好宠爱永远陪伴自己、不离不弃的身体，为之补充能量，继续用其披荆斩棘？

然而，"做饭2小时，吃饭10分钟"的模式，恕我不能接受。我不要烟熏火燎，我要在享受美味健康的同时，还能省事、快捷、方便。

能做到吗？当然可以。偷懒无罪，便捷万岁。

现在的烹饪方式已经和农耕时代完全不同，甚至跟10年前都大不相同。

可以定时的电饭锅，烹饪期间完全不需要照看，放好食材，定好时间，早上就可以喝到热粥，下班就可以喝到刚煲好的汤。

只用少许油的不粘锅，整体轻盈，女孩子都可以颠勺。

还有调配得当的综合调味品，只用一点，滋味就迥然不同。

于我而言，炒菜经常只用生抽，因为里面含有盐、鲜味物质和少许的糖，不必再额外放盐、糖和鸡汁等调味品，可以大大减少烹饪步骤，当然，生抽一定要用质量好的。再高阶一点，就用辣仙露炒蔬菜，滋味更加丰富。调味品需要大胆尝试，找到适合自己的味道。身体可以偷懒，但一定要多动脑。

实在不想动脑，就看看这本书吧。

极简轻食，一本足矣。

萨巴蒂娜

目录
CONTENTS

知识篇

第一章
 断·轻做法

沙拉 小菜 》

便当 小食 》

汤水 饮品 》

第二章

舍 · 简食材

沙拉 小菜 »

第三章
离·真味道

162/ 白灼芥蓝

164/ 西芹腰果虾仁

166/ 四季泉水时蔬

168/ 南瓜糙米饭

170/ 海鲜藜麦焖饭

172/ 三文鱼茶泡饭

174/ 泡菜石锅拌饭

176/ 时蔬杂粮饭

178/ 杧果糯米饭

180/ 雪菜小黄鱼面

182/ 香糯杂米酿鸡胸

184/ 温州糯米饭

便当 小食 》

186/ 藜麦海苔饭团

188/ 丝娃娃

190/ 西蓝花鸡胸杂粮便当

192/ 寿司小卷

194/ 碎碎肉粒便当

196/ 墨西哥黄油玉米棒

198/ 越南春卷

200/ 无麸质无花果司康

202/ 土豆可乐饼

204/ 咖喱鱼蛋

206/ 大阪烧

知识篇

ZHISHIPIAN

七大营养素与膳食均衡

低升糖食物

无麸质饮食、胚芽米和蒸谷米

食物辨真伪

七大营养素与膳食均衡

养，是"谋求"与"养生"，是人体从食物中求取、获得必要的物质以维持身体机能的过程。营养素分为七大类：水、蛋白质、脂类、碳水化合物、矿物质、维生素和膳食纤维，其中膳食纤维是上世纪八十年代新增加的。可见随着人类社会的发展和进步，我们的饮食结构也应该不断更新升级。

水

水是人类身体最重要的组成部分，不可或缺。水分约占人体体重的 65%。在完全没有水摄入的情况下，新陈代谢都会停止，人很难活过 72 小时。

成年人每天需要约 2500ml 水来弥补人体生理活动包括出汗、呼吸、排便等损失的水分。

今天你摄入的水够了吗？

直接饮用：补充 47% 的水分，约 1175ml 水。

食物来源：补充 39% 的水分，约 975ml 水，可选择摄入含水量高的蔬菜、水果、新鲜瘦肉和鱼虾等食物。

体内生成：14% 的水分来自人体内部氧化、代谢过程。

蛋白质

蛋白质是一类化学结构复杂的有机化合物。

功能一：它是组成人体一切细胞、组织的重要成分。通常约占人体全部质量的18%。蛋白质好比人体建筑大厦的主要建材，没有蛋白质就没有生命。

功能二：它是关系到调节机体生长、修复组织、促进体内生化反应、组成抵御疾病的抗体、传递遗传信息等活动的主要物质，维持着人体有条不紊的生命机体活动。

功能三：蛋白质作为重要的产能营养素之一，为人体提供能量。它在体内分解为氨基酸后，可分解释放能量。

脂 类

脂类包括油脂和类脂，是油、脂肪和类脂的总称。脂肪又叫真脂或中性脂肪，包括饱和脂肪及不饱和脂肪两种。类脂则是指胆固醇、脑磷脂、卵磷脂等。

人体内脂类分为脂肪和类脂，是机体的重要组成部分。它是产能营养素，主要功能是提供热量，并能维持人体体温、保护内脏、促进人体对脂溶性维生素的吸收等。

人体摄入脂肪的膳食来源分为两种：

1 动物性来源。动物体内和动物乳中的脂肪。

2 植物性来源。从植物的果实中提取的油和脂肪。

日常建议，膳食脂肪供给量以产热不超过每日总热量的 30% 为宜。

碳水化合物

碳水化合物由碳、氢、氧三种元素组成，氢氧比例为 2 ∶ 1，和水一样，故被称为碳水化合物，也叫糖类，是生命细胞结构的主要成分及主要供能物质，也是为人体提供热能的产能营养素中相对最廉价的一种。

一旦缺乏碳水化合物，人体会出现全身无力、疲乏等情形，并因血糖降低而引起头晕、心悸，严重者可致昏迷；但如果摄入过多，就会转化为脂肪存入人体，会引起肥胖，甚至引发高血脂和糖尿病等。

人体对糖类摄入的膳食来源分为两种：

1 多糖。米、面等主食中含量较高，这些食物可以同时补充蛋白质、脂类、矿物质和膳食纤维等其他营养物质。

2 单糖或双糖。如葡萄糖、麦芽糖和蔗糖等，只补充热量，不补充其他营养素。

矿物质

矿物质又称无机盐，是人体内无机物的总称，是构成机体组织的重要原料，也是维持机体酸碱平衡和正常渗透压的必要原料。随着人体的新陈代谢，矿物质会流失一部分，所以需要通过饮食给予补充。矿物质有 60 多种，其中 20 多种为人体生命活动所必需，在人体体重中占比不足 5%。具体到每种矿物质，又有不同的作用。

矿物质可以分为：

1 常量元素。其含量大于体重的 0.01%，主要有钙、镁、磷、钾、钠、硫、氯等。

2 微量元素。其含量小于体重的 0.01%，主要有铁、铜、锌、硒等。

矿物质多存在于谷物外层，精致加工的谷类在研磨中往往会损失矿物质，所以通常建议多吃粗粮，更有利于人体对矿物质的吸收。

维生素

维生素是维持和调节机体正常代谢的重要物质，是一类必须从食物中获取的微量有机物质。活细胞产生的各种酶，是人体各种复杂生化反应的催化剂，而维生素是酶参与催化的辅助因子。

人体一共需要 13 种维生素，分为：

❶ 脂溶性维生素。这类维生素能溶于脂肪，可以在体内（主要在肝脏中）大量储存，不需要每天从食物中摄取，过量摄入会引起中毒。包括维生素 A、维生素 D、维生素 E、维生素 K 等。

❷ 水溶性维生素。这类维生素仅可溶于水，不能在人体内储存，需每日从食物中摄取，代谢快，过量摄入不易引起中毒。包括 B 族维生素、维生素 C 等。

膳食纤维

膳食纤维是自然界分布最广、量最多的一种多糖，占植物界碳含量的 50% 以上。膳食纤维分为可溶性和不可溶性两类。

可溶性膳食纤维能量很低，吸水性强，可降低血液胆固醇水平，餐后可以降低血糖，影响营养素的吸收速度和部位。

不可溶性膳食纤维不被人体消化吸收，短暂在肠道内停留，可刺激消化液产生、促进肠道蠕动。并能通过吸收大肠内水分、软化大便，从而预防便秘，甚至可以缩短致癌物质在肠道的停留时间，预防肠癌的发生，对肠道菌群起到有益的作用。

因为膳食纤维不被消化吸收，所以过去被视为"废物"，直到人们发现它在保障人类健康、延长生命等方面的重要作用，才真正确立了其"营养小能手"的地位。

膳食均衡的观念也是随着人们物质生活不断变化而进行调整的。过去精制米面类主食占比较高的膳食金字塔，也有了较大的变化。

现如今新的"膳食金字塔"强调：

少盐（6g/ 天）、适量的有益健康的植物油脂（25g/ 天）

优质蛋白质（坚果 / 蛋 / 鱼 / 家禽 150~250g/ 天、奶及豆类 125g/ 天）

新鲜蔬菜和瓜类（500g/ 天）、水果（200g/ 天）

健康的碳水化合物（如粗粮、全麦谷物、胚芽米等）300~500g/ 天

另外，成年人保证 1200ml/ 天的直接饮用水，减少精制米面、红肉和单糖的摄入。

低升糖食物

升糖指数（GI）是指血糖生成指数，同样的摄入量，在餐后测量，不同食物的碳水化合物引起的血糖增加值越大，时间越短，则这个食物的升糖指数越高。含有碳水化合物、消化很快并且导致血糖快速升高的食物被称为高升糖指数食物（以下简称高 GI 食物），反之则是低升糖指数食物（以下简称低 GI 食物）。

高 GI 食物在肠道内消化非常快，分解成葡萄糖后迅速进入血液，升高血糖；低 GI 食物因为消化慢，饱腹感强，可以较好地控制血糖剧烈波动。尤其对于处于减脂塑形期间的人群，可以有针对性地选择低 GI 食物。

通常把葡萄糖升糖指数定为 100，GI > 70，是高 GI 食物；55 < GI < 70，是中 GI 食物；GI < 55，是低 GI 食物。

食物的 GI 参考数值表

食物名称	类型	低 GI	中 GI	高 GI
		GI < 55	55 ≤ GI ≤ 70	GI > 70
白巧克力	糖、糖浆类	44		
巧克力	糖、糖浆类	49		
蔗糖（包含白砂糖）	糖、糖浆类		65	
蜂蜜	糖、糖浆类			73
绵白糖	糖、糖浆类			83.8
全麦	谷类	42		
黑米	谷类	42.3		
玉米面粥	谷类	50.9		
寿司	谷类	52		
米粉	谷类	53		
爆米花	谷类		55	
薏米	谷类		55	
燕麦	谷类		55	
玉米（煮）	谷类		55	
小米粥	谷类		61.5	
咖喱饭	谷类		67	
糙米饭	谷类		68	
大米粥	谷类		69.4	
精糯米饭	谷类			87
大米粉	谷类			88
蒸肠粉	谷类			89
意大利面	谷类	44		

食物名称	类型	低 GI GI < 55	中 GI 55 ≤ GI ≤ 70	高 GI GI > 70
春卷皮	谷类	50		
什锦麦片	谷类		57	
荞麦面	谷类		59.3	
比萨饼（含乳酪）	谷类		60	
汉堡包	谷类		61	
黑麦粉面包	谷类		65	
荞麦面馒头	谷类		66.7	
全麦面包	谷类		69	
油条	谷类			74.9
烙饼	谷类			79.6
面条（小麦粉）	谷类			81.6
馒头（富强粉）	谷类			88.1
蛋挞	谷类			90
红薯粉条	薯芋类	34.5		
蒸芋头	薯芋类	47.7		
山药	薯芋类	51		
煮芋头	薯芋类	53		
烤马铃薯	薯芋类		60	
马铃薯粉条	薯芋类		62	
炸薯条	薯芋类		63	
蒸马铃薯	薯芋类		65	
煮马铃薯	薯芋类		66.4	
马铃薯泥	薯芋类			73
煮红薯	薯芋类			76.7

食物名称	类型	低 GI	中 GI	高 GI
		GI < 55	55 ≤ GI ≤ 70	GI > 70
山药干（烘焙打粉冲糊）	淀粉类			110.3
薏米仁（烘焙打粉冲糊）	淀粉类			128.2
莲子	坚果、种子类	41.1		
花生	坚果、种子类	14		
腰果（咸）	坚果、种子类	22		
混合坚果	坚果、种子类	21		
四季豆	豆类	27		
绿豆	豆类	27.2		
鹰嘴豆（罐头）	豆类	42		
樱桃	水果类	22		
柚子	水果类	25		
桃子	水果类	28		
苹果	水果类	36		
梨	水果类	36		
草莓	水果类	40		
葡萄	水果类	43		
橙子	水果类	43		
葡萄汁	水果类	48		
橙汁	水果类	50		
猕猴桃	水果类	52		
香蕉	水果类	52		
杧果	水果类		55	
红枣干	水果类		55	
葡萄干（新疆）	水果类		56	

食物名称	类型	低 GI	中 GI	高 GI
		GI < 55	55 ≤ GI ≤ 70	GI > 70
木瓜	水果类		59	
西瓜	水果类			72
芦笋	蔬菜类	< 15		
菜花	蔬菜类	< 15		
芹菜	蔬菜类	< 15		
黄瓜	蔬菜类	< 15		
茄子	蔬菜类	< 15		
莴笋	蔬菜类	< 15		
生菜	蔬菜类	< 15		
青椒	蔬菜类	< 15		
西红柿	蔬菜类	< 15		
菠菜	蔬菜类	< 15		
洋葱	蔬菜类	30		
莲藕	蔬菜类	38		
胡萝卜	蔬菜类	47		
豌豆	蔬菜类	48		
南瓜	蔬菜类			75
全脂牛奶	奶类	27		
脱脂牛奶	奶类	32		
酸乳酪	奶类	36		
全脂豆奶	奶类	40		
低脂豆奶	奶类	44		
酸奶（含糖）	奶类	48		
冰激凌	奶类		61	

无麸质饮食、胚芽米和蒸谷米

无麸质饮食

麦麸是麦类食材（小麦、大麦和黑麦）外面的麸皮，麸质是里面的蛋白质。做面食，揉面时出现的"手套膜"，就是麸质的外在表现。没有麸质，面食就没有筋道的感觉。

对小麦敏感、小麦过敏和乳糜泻患者是无麸质饮食的针对人群。这类人食用麸质之后会发生过敏、肠漏症和免疫系统异常等问题，出现多种多样的症状表现：腹泻、腹胀、咳嗽、呼吸困难、头疼、共济失调甚至危及性命。无麸质能够减轻小麦过敏相关症状，避免严重可致命的过敏性休克发生。

麸质的英文是"Gluten"，无麸质会在包装上注明"Gluten free"，近些年，无麸质饮食在欧美逐渐流行起来。直接由小麦、大麦和黑麦制成的食物，添加了这些成分的酱油、黑醋和酱料，以及部分添加小麦成分的药品，都不在无麸质饮食列表中。但没有实验证明无麸质一定可以瘦身减肥，普通人群不用特意追求无麸质饮食。

胚芽米

稻谷收获以后，去掉谷壳，得到颖果（也就是糙米）。糙米是未经碾磨或者轻度碾磨的稻米，保留了胚芽、糊粉层和内保护层（果皮、种皮、珠心层），这些部位营养非常丰富。

继续加工去掉了糊粉层和内保护层，保留了胚芽，就得到了胚芽米。再继续精磨，去掉胚芽等外层部分得到的就是精米。

从营养角度来说，糙米中 B 族维生素、维生素 E、矿物质和膳食纤维较高，精米的营养相对较低，胚芽虽然重量只占稻谷的2.5%~3%，但却集中了稻谷 60%~70% 的营养成分。

真正的胚芽米通体淡黄色，尖角部位有一个明显的黄色小点。由于活性成分含量高，在储存过程中微生物会与之产生化学作用，影响品质和口感。所以胚芽米开封后宜冷藏保存，一个月内尽快食用完毕。

蒸谷米

籼稻一般是指南方地区稻米，大部分为早籼稻，生长周期短、成熟快、营养物质不易累积。以籼稻为原料进行加工的蒸谷米，则弥补了籼稻制成米的一些不足。

蒸谷米，国际市场俗称"半熟米"，把籼稻水热处理（清洗、浸泡、蒸煮、干燥），再常规脱壳碾磨而成。

从外形上，蒸谷米经高温高压处理后色黄如蜜，米粒较为膨胀饱满，不似精米细磨过的纯白。

从营养上，稻谷皮层的水溶性物质（维生素和矿物质）浸透到胚乳内部，增加了蒸谷米的营养成分。相同水分情况下，蒸谷米的出饭率高于普通大米。蒸熟时因为减少了活性成分，所以更加耐储存，可以适应一些特殊环境的运输和存储。

蒸谷米口感偏硬，颗粒分明，有嚼劲，口感逊于普通大米，刚开始吃的时候可能会不适应。

食物辨真伪

秋葵与曼陀罗

秋葵的食用和药用价值很高，营养丰富，但是不小心误买误食了剧毒的曼陀罗，会引起中毒，甚至会危及性命。

从外形上来说，秋葵青翠，根部较粗，到尖角处，棱角分明，线条过渡自然，有些新摘下来的秋葵有明显的毛刺感，略扎手。曼陀罗颜色有些发黄，线条模糊，根部有时候反而更细。一定要到对食材把控严格的正规菜场购买。

如果在野外碰到了，要观察叶子和花朵。秋葵叶子较大，呈散开状；曼陀罗叶片呈细长卵形。秋葵的花朵较短，均匀包围花蕊；曼陀罗的花朵低垂，为喇叭状。尽量避免从野外直接带不熟悉的食物回家烹饪。如果遇到食物中毒，应第一时间催吐后就医。

鳕鱼和油鱼

有时候给小宝宝做了鳕鱼的辅食食用，为什么宝宝大便里带很多油呢？这种情况，通常是错买成了油鱼导致的。

正宗鳕鱼有大西洋鳕鱼、格陵兰鳕鱼和太平洋鳕鱼三种，购买时请注意包装上的品种标注和产地。银鳕鱼（又叫明太鱼），是国内普遍流行的"鳕鱼"，并不是真正的鳕科鱼。以上几种鱼主要是生活在北大西洋、北太平洋深海海域。

用来冒充鳕鱼的油鱼（蛇鲭鱼），是东南亚温热带常见鱼类。体内有约四分之一的油脂，油脂中的蜡脂无法被人体消化吸收，只好代谢掉，拉出油脂甚至腹泻。

银鳕鱼：中段切片为椭圆形，鱼鳞皮排列紧密，肉质干净，价格相对高。

正宗鳕鱼：鱼皮侧带有标志性的褐色斑纹和侧线，色泽雪白，呈蒜瓣状，肉质紧实，价格中等。

油鱼：中段切片呈梭形，颜色暗沉发黄，鱼肉间有清晰红线。烹饪后表面油脂会溢出，价格最低或贴近正宗鳕鱼。

三文鱼与淡水虹鳟

喜欢吃三文鱼刺身的人，如果过多食用了被当作三文鱼的淡水虹鳟，体内可能会出现寄生虫。

三文鱼学名鲑鱼，多产于挪威、智利等地，生长于深海，体内不饱和脂肪酸的含量非常丰富，因深海内形成的寄生虫不适应人体环境，所以生食不会产生太大的影响。

淡水虹鳟鱼属于大马哈鱼属（不同于大西洋鲑）是生活在淡水中的鱼类，国内产地主要是青海地区。生食时淡水鱼的寄生虫可以在人体内存活，可能会引起过敏或者消化道不适。这种鱼只适合加热做熟后食用。

购买时，注意产地和价格，最好不要购买价格过低的淡水"三文鱼"，即便买了，也不要用作生鱼片。

断·轻做法

第 一 章

放弃高火猛进的油炒烹炸，
简化完成的步骤和方式，
手法轻盈，身心畅快。

肉松皮蛋豆腐

"软黄金"
加身

烹饪时间
15 min

难易程度

皮蛋作为外国人最不能接受的中国黑暗料理之一，与豆腐搭配，相得益彰，软糯丝滑。加上肉松，自上而下舀一勺送入口中，伴随着肉松的酥香，层层食物与味蕾相撞，美妙无比，作为开胃小菜很不错。

总热量：386 千卡

肉松 10 克	**40 千卡**
皮蛋 100 克	**171 千卡**
内酯豆腐 350 克	**175 千卡**

主 料

皮蛋	100g
肉松	10g
内酯豆腐	350g

辅 料

香葱末	5g
蒜末	3g
姜末	3g

调 料

生抽	1 汤匙
陈醋	1 汤匙
蚝油	1 茶匙
白糖	1/2 茶匙
香油	1/2 茶匙

做 法

01. 将内酯豆腐从盒中取出，放入盘子里，用刀划成 5mm 厚的均匀片状。

02. 将皮蛋剥去外壳后清洗，切块，然后码在豆腐上面。

03. 把蒜末和姜末与调料混合调匀，自左至右淋在皮蛋上。

04. 铺上一层肉松，再撒上香葱末即可。

烹饪秘籍

1. 加入肉松，可以丰富视觉和口感。

2. 内酯豆腐脱模：在外包装底部一角用厨房剪刀剪开一个口，使空气进入，顺着盒内壁用刀轻划一圈，就可以将豆腐完整地倒扣在盘子里。

3. 注意淋汁是倒在皮蛋和豆腐上的，不要淋在肉松上，否则肉松会过咸，影响口感。

营养贴士

这道食谱中，皮蛋和内酯豆腐都含有丰富的蛋白质。蛋白质分布在身体的每一个细胞中，是保证人体机能正常运转必需的营养物质。皮蛋里胆固醇和钠含量不少，肉松热量较高，这两种食物都不适合吃得过多。

三文鱼牛油果沙拉

不要错买成
虹鳟

烹饪时间　难易程度

10 min　◎

三文鱼生食微甜，
肉质鲜嫩有弹性，
加入厚重的牛油果，
用油醋汁调和，健
康又美味，装在全
麦面包上，瞬间变
成开放式三明治！

总热量: 770 千卡

三文鱼 200 克	**278 千卡**
牛油果 100 克	**171 千卡**
全麦面包 120 克	**295 千卡**
芝麻菜 20 克	**7 千卡**
柠檬 50 克	**19 千卡**

  主 料

新鲜三文鱼	200g
牛油果	100g（1 个）
全麦面包片	120g（2 片）

  辅 料

芝麻菜	20g
柠檬	50g

  调 料

橄榄油	1 汤匙
蜂蜜	1 茶匙
盐	1/2 茶匙
黑胡椒碎	1/2 茶匙

  做 法

01. 芝麻菜洗净沥水，撕成小块，平铺在盘底。

02. 将三文鱼切成 3cm 见方的块，用少量盐和黑胡椒碎腌制 5 分钟。

03. 将牛油果去皮、核，切成同样大小的方块，摆在芝麻菜叶上。

04. 制作油醋汁：柠檬洗净、挤出汁，与橄榄油、蜂蜜和剩余的盐、黑胡椒碎混合拌匀。

05. 将腌好的三文鱼放置在牛油果上，浇上油醋汁。

06. 将沙拉搅拌均匀，用勺子盛在全麦面包上，即可食用。

🎙️ 烹饪秘籍

1. 牛油果对半切开，将刀嵌入果核与果肉之间，旋转半圈后将果核撬起，再将果肉去皮切丁。

2. 若希望色彩和层次再丰富一些，可以加入半个切成丁的杧果。

3. 三文鱼要买产自大西洋或太平洋的深海三文鱼，不要买成淡水虹鳟鱼。

4. 油醋汁中的"醋"其实是"酸"，黑醋、红酒醋、白酒醋、柠檬醋均可，也可用新鲜柠檬汁代替，味道更加天然、清爽。

🍽️ 营养贴士

与其他肉类相比，三文鱼热量不高而蛋白质较多，又含有丰富的不饱和脂肪酸，可有效预防心血管疾病，对于健脑和护眼有很好的功效。牛油果果肉同样含有不饱和脂肪酸，有降低胆固醇的功效；并含有丰富的维生素 E 和膳食纤维，容易产生饱腹感，并有助于缓解便秘，是非常好的降脂减肥食品。

南瓜苦苣坚果沙拉

南瓜不是只有
万圣节才出现

烹饪时间　　难易程度

20 min

苦苣的苦味被南瓜天然的甜味中和，整道菜口感绵软中夹杂着坚果的松脆，食材搭配清新漂亮，口味清淡，简单又丰盛。

总热量：**212** 千卡

南瓜 200 克   **46** 千卡
苦苣 50 克   **16** 千卡
混合坚果 30 克   **150** 千卡

 主 料

南瓜	200g
苦苣	50g
混合坚果	30g

 调 料

橄榄油	1 汤匙	黑胡椒碎	1/2 茶匙
醋	1 汤匙	蜂蜜	1/2 茶匙
海盐	2g		

 做 法

01. 苦苣洗净，沥干水，平铺到盘底。

02. 南瓜洗净，去瓤切块，隔水蒸 10~15 分钟，取出晾凉备用。

03. 把混合坚果放在菜板上切碎。

04. 将调料混合均匀制成简易版油醋汁。

05. 将南瓜和坚果依次放入苦苣盘中，浇上油醋汁，搅拌均匀即可。

烹饪秘籍

1. 若喜欢水分少一点，可将南瓜放入烤箱中，200℃上下火烤 20 分钟后取出，再将坚果碎放进烤盘，利用余热烤 5 分钟，可使其更脆更香。

2. 南瓜宜选择外皮、果肉颜色较深的，相对更甜更糯，口感更好。

3. 把苦苣换成焯水断生的西蓝花，则更适合秋冬季时作为热沙拉食用。

营养贴士

南瓜热量低，碳水化合物含量也较低，因为其含有果糖，所以味道甜甜的。苦苣热量低，富含维生素和蛋白质。混合类坚果含有较多的蛋白质、脂肪和膳食纤维，适量食用有助于增强体质，建议少量常吃，不宜单次多食。

"维密天使"超爱的食材

羽衣甘蓝果蔬沙拉

烹饪时间 　难易程度

20 min

总热量：**415** 千卡

羽衣甘蓝	30 克	**10** 千卡
鸡蛋	120 克	**173** 千卡
番茄	120 克	**15** 千卡
坚果	30 克	**150** 千卡
橙子	100 克	**48** 千卡
柠檬	50 克	**19** 千卡

维密天使拥有超棒的脸蛋和身材。在她们的日常饮食中，大都有羽衣甘蓝的身影。虽然羽衣甘蓝不好吃，但它可以帮助人们维系健康的体态。

主 料

羽衣甘蓝	30g
鸡蛋	120g（2个）
番茄	120g（2片）
橙子	100g

调 料

橄榄油	2 汤匙
蜂蜜	1/2 茶匙
盐	1/2 茶匙
黑胡椒粒	1/2 茶匙

辅 料

混合坚果	30g
柠檬	50g

做 法

01. 烤箱设置 180℃ 上下火预热 5 分钟，关火。将羽衣甘蓝洗净，沥干水，放入停止预热的烤盘中烘干。

02. 1~2 分钟后拿出，此时羽衣甘蓝应是稍微变干变脆的状态。

03. 将羽衣甘蓝放凉，撕成小块，平铺到盘中。

04. 鸡蛋外壳清洗干净，入凉水锅煮 6 分钟，取出过凉水，剥壳切块备用。

05. 番茄洗净，去瓤，切滚刀块。橙子洗净，去皮，切块。柠檬洗净，对半切开。

06. 将所有调料混合均匀，再挤入柠檬汁，做成油醋汁。

07. 羽衣甘蓝上码放番茄、橙子、坚果和鸡蛋，浇入油醋汁，拌匀后即可食用。

烹饪秘籍

1. 在没有烤箱的情况下，可以将羽衣甘蓝放入干净、干燥的平底锅中，小火烘 3 分钟，这样可以减少羽衣甘蓝苦涩的口感，提高适口性。

2. 橙子果肉给这道沙拉带来清甜和令人愉悦的口感，尽量不要换成其他食材。

营养贴士

羽衣甘蓝富含多种维生素和矿物质，可以调节人体新陈代谢，多食有助于补钙，还被视为预防儿童夜盲症的首选蔬菜。同时因为它所含的热量非常低，所以很多运动达人将其作为健身必备食材。

秋冬季节里的热沙拉

三文鱼土豆沙拉

烹饪时间　难易程度

45 min

天气逐渐变冷的秋冬季节，中国人的肠胃就开始主动拒绝生冷沙拉，温暖型的热沙拉就慢慢走上了我们的餐桌。

总热量：475 千卡

三文鱼	克	278 千卡
土豆	克	81 千卡
芦笋	克	22 千卡
黄油	克	89 千卡
小番茄	克	5 千卡

主料		辅料		调料	
三文鱼排	200g	柠檬	10g	黄油	10g
土豆	100g	欧芹叶	5g	蜂蜜	1/2 茶匙
芦笋	100g	小番茄	20g	盐	1 茶匙
		蒜泥	2g	黑胡椒碎	1 茶匙
				橄榄油	1 汤匙
				果醋	1/2 汤匙

做 法

01. 三文鱼排洗净，用厨房纸巾吸干表面的水，挤少许鲜柠檬汁，撒上 1/2 茶匙盐及 1/2 茶匙黑胡椒碎，涂抹均匀，腌制 20 分钟。

02. 土豆洗净去皮，切小块。芦笋洗净，根部去老皮，切小段。小番茄洗净，切成 4 瓣。欧芹叶洗净切碎。

03. 锅中加适量清水烧开，加 2g 盐，先放入土豆块，煮 15 分钟至筷子可以扎透，捞出放入沙拉碗中。

04. 热水锅中再放入芦笋焯水至断生，捞出过凉水，放入盛土豆的沙拉碗中。

05. 制作油醋汁：橄榄油加果醋、蜂蜜、蒜泥和剩余的盐及黑胡椒碎，搅拌均匀。

06. 将油醋汁倒入放土豆、芦笋的碗中，拌匀。

07. 平底锅加热，放入黄油块化开，将三文鱼皮朝下放入锅中，小火煎至鱼肉金黄，小心起锅，保持三文鱼的完整。

08. 拌好的蔬菜盛入盘中，整块三文鱼放于蔬菜旁，摆上小番茄、欧芹碎和一小块柠檬，趁热开吃。

烹饪秘籍

三文鱼排要选带皮的背部。三文鱼背部比较适合煎和焗，带皮烹饪可以保持鱼肉的鲜嫩和完整，煎好后要在 3 分钟内食用，才可以品尝到鱼皮的香脆，放冷以后会影响口感。因此，开餐前的几分钟，是煎三文鱼的最佳时间。

营养贴士

如果不方便生食三文鱼刺身，那么三文鱼腹部以外的其他部位同样适于熟食，营养流失少，而且可以避免寄生虫问题。三文鱼中钠含量较高，高血压患者不宜多食。

什锦烤蔬

素食主义

高温炙烤过的蔬菜，褪去了鲜艳的色彩和水分，留下金黄的色泽和焦香的味道，分外诱人。你能想到吗？蔬菜可以清新淡雅，也可以色泽金黄，散发迷人的香气。

总热量：**297** 千卡

食材		
土豆 200 克		**162** 千卡
芦笋 100 克		**22** 千卡
口蘑 50 克		**22** 千卡
彩椒 100 克		**26** 千卡
紫甘蓝 50 克		**13** 千卡
蒜 25 克		**32** 千卡
洋葱 50 克		**20** 千卡

主 料		辅 料		调 料	
土豆	200g	大蒜	25g（5 瓣）	盐	1 茶匙
芦笋	100g	洋葱	50g	黑胡椒碎	1/2 茶匙
口蘑	50g			橄榄油	1 汤匙
彩椒	100g			迷迭香	2g
紫甘蓝	50g				

做 法

01. 烤盘内铺好锡纸，四边都要覆盖到，放入烤箱中，烤箱设置 220℃上下火预热 5 分钟。

02. 土豆带皮清洗干净，切成滚刀块，吸干表面的水，加入 1/2 茶匙盐、1/2 汤匙橄榄油和 2g 迷迭香，戴手套抓匀。

03. 取出烤盘，平铺放入土豆，将烤盘放回烤箱中，以 220℃上下火烤 20 分钟。

04. 芦笋、口蘑、彩椒、紫甘蓝、大蒜和洋葱分别洗净，用厨房纸巾吸干表面的水。芦笋切段，紫甘蓝撕成小块，彩椒和洋葱切块。

05. 将以上蔬菜放入沙拉碗中，把黑胡椒碎和剩余的盐、橄榄油倒入，戴手套抓匀。

06. 20 分钟后暂停烤箱，戴上烤箱手套取出烤盘，给土豆翻个面，再放上其他蔬菜，铺满。

07. 放回烤盘，重启烤箱，计时 15 分钟，中间观察蔬菜颜色的变化，如果部分蔬菜发焦可以提前取出。

08. 计时结束，取出烤盘，将蔬菜摆入盘中即可。

烹饪秘籍

可以随个人喜好选用其他蔬菜。注意烤制的时间，避免烤焦。一般来说，根茎类食物需要烤 20~40 分钟，其他蔬菜可以缩短一半时间。因为不同品牌烤箱的功率和温控不尽相同，蔬菜的数量也不相同，所以烤制时间只能给出一个大致范围。

营养贴士

紫甘蓝富含花青素，是天然的抗衰老和抗氧化食物，其含有的优质蛋白可以有效促进肝脏的解毒功能。口蘑的热量很低，硒含量丰富，可以很好地提高机体免疫功能；含有的维生素 D 可预防骨质疏松。彩椒富含维生素 C，可以促进新陈代谢，美容养颜。

糟卤毛豆

再来点啤酒
和烤串儿

 烹饪时间
75
min

 难易程度

大豆的应用非常广泛。喝豆浆的时候，我们吃的是大豆；吃酱油的时候，我们吃的是大豆；夏夜，撸串儿、喝啤酒的时候离不开的一碟毛豆，还是大豆。

总热量：730 千卡

毛豆 500 克 **655 千卡**
糟卤 500 毫升 **75 千卡**

   主 料

| 毛豆 | 500g |

   辅 料

| 冰块 | 300g |

  调 料

糟卤	500ml
香叶	1 片
八角	2 颗
桂皮	10g
盐	1g

 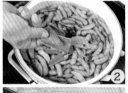

 烹饪秘籍

1. 不加盖煮，加一点儿盐，煮好后过冰水，都是为了保持毛豆翠绿的外衣不至于变成太深的颜色。
2. 卤好的毛豆放入密封盒，入冰箱冷藏一夜，糟卤风味会更加浓厚。

  做 法

01. 毛豆洗净，在水中浸泡半小时。
02. 毛豆下凉水锅，加入盐、香叶、八角和桂皮，大火煮开后转中火煮10分钟，关火。
03. 冰块倒入大碗中，加入清水，把煮好的毛豆捞出沥干，再泡到冰水里过凉3分钟左右。
04. 再次捞起毛豆，放入大的密封盒中。
05. 倒入糟卤至没过毛豆，约半小时就可以入味食用了。

 营养贴士

毛豆，是大豆的嫩荚。毛豆含有亚油酸和亚麻酸，二者可以提升智力，保护视力以及心血管系统。毛豆中所含的卵磷脂能强健大脑、保护肝脏。

杧果红薯酸奶沙拉

酸酸甜甜
好滋味

烹饪时间 30 min

难易程度 ◼

这是一款可以当作下午茶的甜品沙拉，健康又营养。如果是在办公室，你只要有一把杧果刀，把杧果去皮切丁，再来一块烤红薯，拌上酸奶，就可以轻松享用啦！

主料

杧果	200g
红薯	150g
酸奶	100g

辅料

蓝莓干	5g
蔓越莓干	5g

调料

蜂蜜	2 茶匙

烹饪秘籍

可以买菌粉自制原味酸奶，或者采用脱脂无糖酸奶，都是很健康的选择。

营养贴士

杧果热量低，富含膳食纤维，有助于促进消化、预防便秘；其富含的类胡萝卜素是天然的抗氧化剂，在保护视力和抗衰老方面都有很好的效果。红薯中碳水化合物含量较高，胡萝卜素含量丰富。酸奶中蛋白质和钙含量均较高，有降胆固醇功效。

总热量：**277** 千卡

杧果 200 克		**70** 千卡
红薯 150 克		**135** 千卡
酸奶 100 毫升		**72** 千卡

做法

01. 红薯洗净，放入蒸锅中，开锅后中火蒸 20 分钟，用筷子能轻松扎透即可。

02. 杧果洗净，去皮，切成 2cm 见方的小丁。蔓越莓干切碎。

03. 红薯去皮切块，用破壁机打成泥，盛入碗中。

04. 将杧果块码入蛋筒中，淋上酸奶，再撒上蓝莓干和蔓越莓碎，最后淋上蜂蜜即可。

饥肠辘辘的下午，无法振奋精神时，别人拿起手机点外卖，而你可以制作自己的"秘密武器"，简单几样食材，三下五除二就搞定加餐。

主料

酸奶	200ml
即食小麦胚芽米	30g

辅料

草莓	50g
蓝莓	50g

调料

红糖	1茶匙

烹饪秘籍

1. 红糖和原味无糖酸奶搭配在一起非常和谐，不仅中和了酸味，还给酸奶带来了清甜的口感。

2. 一定要选即食胚芽米，普通胚芽米需要煮制，容易造成消化不良。

营养贴士

草莓富含维生素C，可促进胶原蛋白形成，帮助肌肤锁水，并可促进铁的吸收，令人气色红润。草莓中胡萝卜素含量也很高，能保护视力，养肝。

难易程度　　烹饪时间

10 min

酸奶胚芽米

总热量：295 千卡

酸奶 200 毫升		**144** 千卡
即食小麦胚芽米 30 克		**106** 千卡
草莓 50 克		**16** 千卡
蓝莓 50 克		**29** 千卡

做法

01. 草莓和蓝莓清洗干净。

02. 草莓保留叶子部分，对半切开。

03. 把酸奶倒入碗中，用勺子舀出小麦胚芽米，轻轻地铺满酸奶表面的一半。

04. 中缝处铺上草莓，在胚芽米上点缀蓝莓，再撒上一点红糖，即可食用。

火腿片三明治

可爱的口袋

烹饪时间
10 min

难易程度

三明治模具可以把容易漏出食物的三明治压成口袋形状，做起来简单方便。三明治营养全面，饱腹感强，清晨吃一个，朝气蓬勃一整天。

总热量：1203 千卡

火腿片 120 克		**396 千卡**
全麦面包 240 克		**590 千卡**
鸡蛋 120 克		**173 千卡**
生菜 20 克		**3 千卡**
番茄 50 克		**8 千卡**
芝士 33 克		**33 千卡**

主 料

火腿片	120g（4 片）
全麦吐司	240g（4 片）
鸡蛋	120g（2 个）
生菜	20g
番茄	50g

辅 料

芝士片	33g（2 片）

调 料

橄榄油	1 汤匙
盐	少许
焙煎芝麻酱	2 茶匙

做 法

01. 吐司去掉硬边，待用。

02. 生菜和番茄洗净，沥干。生菜切成与吐司片相同大小，番茄切成 5mm 厚的片。

03. 平底锅加热，倒入橄榄油，打入 1 个鸡蛋，撒盐，中火煎至自己喜欢的熟度，盛出。同样的方法煎好另一个鸡蛋。

04. 取 1 片吐司，淋上焙煎芝麻酱。

05. 上面依次放上 1 片生菜、2 片火腿、1 片番茄、1 个煎蛋和 1 片芝士。

06. 再覆盖 1 片吐司，用三明治模具把吐司四周压实。将三明治从模具中取出，从中间对称切开即可。

烹饪秘籍

1. 吐司稍微加热一下，用模具封口的效果更好。

2. 如果没有模具，可给每份三明治多备 1 片吐司，将 3 片吐司和材料依次叠放后，从对角线切开，即成两个三角形三明治。

营养贴士

全麦面粉是用没有去除麸皮和麦胚的麦子磨成的，用其制作的面包富含 B 族维生素和膳食纤维。B 族维生素可以提振食欲，膳食纤维可以预防便秘，有助于减肥。

金枪鱼杂粮三明治

元气满满

烹饪时间
难易程度
15 min

总热量：**1081 千卡**

杂粮吐司	180 克	**504 千卡**
金枪鱼	200 克	**198 千卡**
鸡蛋	120 克	**173 千卡**
洋葱	50 克	**20 千卡**
黄瓜	50 克	**8 千卡**
黄油	20 克	**178 千卡**

主 料

杂粮吐司片	180g（3片）
水浸金枪鱼	200g
鸡蛋	120g（2个）

辅 料

洋葱	50g
黄瓜	50g

调 料

橄榄油	1/2 汤匙
黄油	20g
盐	1/2 茶匙
黑胡椒碎	1/2 茶匙

即便是快手早餐，依然要保证营养和颜值在线。绵糯的金枪鱼与滑嫩的炒蛋相得益彰，配上一杯香浓咖啡，开启元气满满的一天！

做 法

01. 金枪鱼挤去多余水，撕碎后放入大碗中。

02. 洋葱去皮，黄瓜洗净，分别切小丁。

03. 鸡蛋磕入碗中，搅打成均匀的蛋液。

04. 平底锅加热，倒入橄榄油，油热后放入洋葱煸炒至透明，盛出。

05. 洋葱丁与黄瓜丁一起放入盛金枪鱼的碗中，拌匀。

06. 另起平底锅，中火加热，倒入黄油，待黄油化开后倒入鸡蛋液，快速翻炒至凝固成块，加入盐和黑胡椒碎炒匀，出锅。

07. 平铺一片面包，放上金枪鱼、蔬菜铺满。

08. 再加一片面包，再用炒蛋铺满，盖上最后一片面包，沿对角线切开，即可食用。

烹饪秘籍

1. 黄油炒蛋，炒至鸡蛋块金黄滑嫩即可。如果变褐色，说明火大了，不够嫩，所以一定要控制火候。

2. 洋葱也可以直接拌入金枪鱼泥中，口感更加辛辣，香气不同。

营养贴士

比起油浸金枪鱼，水浸金枪鱼热量更低。金枪鱼富含蛋白质，脂肪含量却很少，可以提高人体代谢水平和抗病能力。同时，它还含有深海鱼类中常见的EPA（二十碳五烯酸）和DHA（二十二碳六烯酸），对健脑益智、调节血脂都能起到很好的作用。

意式烤彩椒三明治

简易版的
三明治

烹饪时间　　难易程度

大多时候，彩椒都是配角，但这道美食中把它经过烤箱的"锤炼"，荣升成了主角。脱去略硬朗的外衣，内里变得柔软娇嫩。

总热量：490 千卡

全麦面包 120 克		**295 千卡**
红色彩椒 500 克		**130 千卡**
黄色彩椒 250 克		**65 千卡**

主 料

全麦面包	120g（2 片）
红色彩椒	500g（2 个）
黄色彩椒	250g（1 个）

辅 料

大蒜末	10g
小米椒	5g
新鲜迷迭香	5g

调 料

橄榄油	1 茶匙
盐	1/2 茶匙
黑胡椒碎	1/2 茶匙
葡萄醋	2 茶匙

做 法

01. 彩椒洗净，擦干表面；小米椒洗净，切成小圈；迷迭香洗净，控水，待用。

02. 设置烤箱 220℃上下火，预热 5 分钟后关火。烤盘中铺锡纸，放入彩椒，放回烤箱中层，以 220℃烤半小时左右。

03. 取出烤盘，迅速用锡纸包裹住彩椒。

04. 5 分钟后打开锡纸，剥去彩椒变硬的外皮，去蒂、籽，切成 1cm 宽的细长条。

05. 将彩椒、葡萄醋、橄榄油、盐、黑胡椒碎、蒜末和小米椒一同放入碗中，搅拌均匀。

06. 将调味完成的彩椒条铺到面包上，用迷迭香装饰，即可食用。

烹饪秘籍

1. 来自意大利的葡萄醋，色泽厚重，酸甜可口，品种丰富，最有名的主要来自摩德纳和瑞吉欧（Reggio）地区，酿造时间在 12 年以上的被称为巴萨米克醋。本菜使用葡萄醋，使得风味更独特。

2. 锡纸能隔绝空气，加速彩椒皮和肉的分离，使去皮变得容易。

营养贴士

彩椒中胡萝卜素和维生素 C 的含量较高，故具有美白养颜、防止黑色素沉淀、消除疲惫、增强血液循环等功效。

一口下去超满足

全麦拉法煎饼

烹饪时间

难易程度

20 min

总热量：1045 千卡

食材	重量	热量
拉法饼	30 克	258 千卡
金枪鱼	200 克	198 千卡
鸡蛋	120 克	173 千卡
牛油果	200 克	342 千卡
黄瓜	50 克	8 千卡
柠檬	30 克	11 千卡
生菜	20 克	3 千卡
洋葱	30 克	12 千卡
番茄	30 克	5 千卡
葡萄干	10 克	35 千卡

主 料

全麦拉法饼	90g（2 张）
水浸金枪鱼	200g
牛油果	200g（2 颗）
鸡蛋	120g（2 个）

  调 料

橄榄油	3 茶匙
盐	1 茶匙
黑胡椒碎	1/2 茶匙

 辅 料

生菜	20g
黄瓜	50g
洋葱	30g
番茄	30g
葡萄干	10g
柠檬	30g

拉法饼是快手早餐的优秀选择，搭配品种丰富的蔬菜、鱼肉、水果、坚果和酱类，让你感受到自己得到了最好的照顾。

  做 法

01. 牛油果洗净，切开，去核，取果肉；洋葱去皮，番茄洗净，分别切小丁。

02. 将步骤 1 的食材放入料理机，挤入柠檬汁，加盐、黑胡椒碎和 1 茶匙橄榄油，打碎，做成牛油果酱，放入冰箱冷藏。

03. 生菜、黄瓜分别洗净，黄瓜切成小丁。戴上手套，将金枪鱼挤干水，撕成小块待用。

04. 平底锅加热，倒入剩余橄榄油，将鸡蛋打入锅中，用中小火煎熟，出锅。

05. 全麦拉法饼放入微波炉，高火加热半分钟，至微软即可取出。

06. 先铺一片生菜，依次加入金枪鱼、煎蛋、黄瓜丁、葡萄干和牛油果酱。

07. 将拉法饼卷起，从中间斜切，做好两个饼就可以吃啦。

 烹饪秘籍

1. 牛油果容易氧化，加入一些柠檬汁可防止其氧化变黑，保持色泽不变。

2. 拉法饼成品一般用冰箱储存，微微加热即可使饼身变软，口感变得柔韧。

营养贴士

生菜低糖、低脂、低热量，含有非常丰富的维生素和矿物质，生食可避免维生素的流失。生菜中含有大量胡萝卜素，可以保护视力，缓解长时间用眼造成的眼疲劳。因此，遇到有生菜的沙拉，别只把它当装饰而丢弃，一定要吃掉！

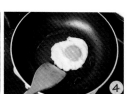

比利时国民小吃

玉米华夫饼

烹饪时间
15 min

难易程度

总热量：**740** 千卡

食材	热量
玉米面粉 50 克	**282** 千卡
低筋粉 克	**71** 千卡
鸡蛋 克	**87** 千卡
牛奶 100 毫升	**54** 千卡
冰激凌 克	**102** 千卡
蓝莓 30 克	**17** 千卡
香蕉 50 克	**46** 千卡
草莓果酱 30 克	**81** 千卡

主 料

玉米面粉	80g
低筋粉	20g
牛奶	100ml
鸡蛋	60g（1 个）
盐	1g

  辅 料

香蕉	50g
蓝莓	30g
香草冰激凌球	80g

调 料

草莓果酱	30g
蜂蜜	1 茶匙
糖霜粉	1/2 茶匙
泡打粉	2g
橄榄油	1 茶匙

来自比利时的用特质烤盘制作的小饼，浓香可口，称得上是比利时的国民小吃了。华夫饼可以是甜的——加各种令心情愉悦的水果、酱汁、奶油和冰激凌；也可以是咸的——加奶酪、煎蛋，甚至肉类，都非常受欢迎！

  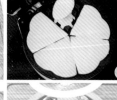 

做 法

01. 将玉米面粉、低筋粉、泡打粉和盐倒入盆中混合。

02. 打入鸡蛋，加入橄榄油和牛奶，继续搅拌变成细滑的华夫饼面糊。

03. 华夫饼机预热 2 分钟，调中高档火力，倒入面糊，使其铺满所有格子，盖上盖子，烤制 4 分钟。

04. 关火，开盖，将华夫饼脱模，装盘。

05. 蓝莓洗净，香蕉去皮切片，摆在盘中。

06. 取冰激凌球扣在华夫饼上，淋上草莓果酱和蜂蜜。

07. 用漏网撒上糖霜粉装饰，即可食用。

烹饪秘籍

1. 加泡打粉是为了使面糊体积膨胀，填满整个格子的空间，形成饱满的格子饼，避免造型失败。

2. 不同的华夫饼机器加热方式、形状、温控不同，会影响烤制时间，要根据你自己使用的锅具进行调整。

营养贴士

人体若缺乏钾元素，容易头晕脑胀，四肢无力。马上吃一两根香蕉，可以迅速补充钾，恢复体力和状态，所以我们常常会在马拉松补给站看到香蕉的身影。同时，香蕉还能防止血压上升和肌肉痉挛。香蕉中含有丰富的膳食纤维，可以促进胃肠蠕动，缓解便秘。

奇亚籽燕麦酸奶杯

像芝麻的"网红"

烹饪时间

难易程度

奇亚籽是一种古老的可食用种子，食用历史已有约 3500 年。它初看像芝麻，膨胀以后有点像青蛙卵。然而，奇特的外形并不会影响它超级食物的地位。

总热量：644 千卡

奇亚籽 30 克	**134 千卡**
牛奶 50 毫升	**27 千卡**
酸奶 300 毫升	**216 千卡**
燕麦片 60 克	**241 千卡**
车厘子 40 克	**26 千卡**

  主　料

奇亚籽	30g
牛奶	50ml
酸奶	300ml

辅　料

即食混合水果燕麦片	60g
车厘子	40g（带枝 4 颗）

  调　料

蜂蜜	2 茶匙

做　法

01. 取一个稍大些的容器，放入奇亚籽和牛奶，搅拌一下，静置 10 分钟。

02. 待牛奶、奇亚籽的混合物膨胀之后，分入两个玻璃杯中。

03. 各加入 150ml 酸奶搅拌均匀至浓稠状态。

04. 将混合水果燕麦片分别放入两个杯中，置于顶部。

05. 车厘子洗净，插在顶部，淋上 1 茶匙蜂蜜即可。

 烹饪秘籍

1. 奇亚籽可以直接跟酸奶混合，只是膨胀的速度会稍微慢一点。

2. 选择更酥脆的即食燕麦片配本品，口感更佳。

营养贴士

奇亚籽的膳食纤维含量将近 40%，而且是可溶性的，进入体内，可以有效增强饱腹感。奇亚籽富含 Omega-3 不饱和脂肪酸，对人体生长和大脑发育十分有益。奇亚籽中的天然抗氧化剂可以预防肌肤衰老，非常适合爱美的女孩子食用。

莓果奶昔

粉红力量

烹饪时间　难易程度

暖色调的食物很容易勾起人的食欲，粉红的色泽更易激发女性的少女心。

总热量: 519 千卡

食材	用量	热量
草莓	200 克	**64** 千卡
牛奶	300 毫升	**162** 千卡
酸奶	200 毫升	**144** 千卡
蓝莓	50 克	**29** 千卡
树莓	50 克	**27** 千卡
香蕉	100 克	**93** 千卡

主 料

草莓	200g
蓝莓	50g
树莓	50g（10 颗）
香蕉	100g（1 根）

辅 料

牛奶	300ml
酸奶	200ml

做 法

01. 草莓、蓝莓和树莓清洗干净。

02. 草莓去蒂，对半切开。

03. 香蕉去皮，切段。

04. 将所有食材一同放入料理机，打成奶昔状，倒入杯中即可饮用。

烹饪秘籍

1. 草莓清洗时可以加半茶匙盐在水中，浸泡 3 分钟左右，再用流水清洗干净。

2. 浆果类水果常温下容易腐坏，可将其清洗并擦干后放入冷冻室。需要食用时提前取出，放室温下回温，或者做奶昔时拿出来直接放入料理机搅拌即可。

3. 香蕉可以切成片，放入冷冻室，夏天打奶昔时加入几片，连冰块都不需要了。

营养贴士

树莓营养丰富，含有人体所需的多种维生素和矿物质，能养颜、抗衰老、提高免疫力；树莓含有的水杨酸是"天然阿司匹林"，能防止血栓形成，对保护心脏、预防心血管疾病很有帮助。

综合水果奶昔

像蛋黄沙拉酱的奶昔

烹饪时间

15 min

难易程度

像阳光一样温暖灿烂的黄色系水果，柔和而治愈。同色系不同品种的水果，其味道差异非常大，所以会叠加出各种不同层次的口感。

总热量：306 千卡

杧果 150 克	**53 千卡**
木瓜 150 克	**45 千卡**
火龙果 50 克	**28 千卡**
苹果 100 克	**53 千卡**
牛奶 200 毫升	**108 千卡**
柠檬 50 克	**19 千卡**

主 料

杧果	150g
木瓜	150g
火龙果	50g
苹果	100g

辅 料

| 牛奶 | 200ml |
| 柠檬 | 50g |

做 法

01. 木瓜清洗净，去皮、子，切块。

02. 杧果清洗净，去皮、核，切片。

03. 苹果清洗净，去皮、核，切成小块。

04. 柠檬清洗净，挤汁到小碗中待用。

05. 火龙果清洗外皮，对半切开，挖出果肉。

06. 将所有主料和牛奶、柠檬汁一同放入料理机，打成奶昔状，即可倒入杯中饮用。

烹饪秘籍

1. 木瓜宜选择表皮光滑、微黄，用手轻轻按压可以弹回、不塌陷的，成熟度正好，不会生涩或者过熟。

2. 加入柠檬汁，是为了延缓苹果汁的氧化过程，使奶昔成色更漂亮。

营养贴士

木瓜果实中含有丰富的木瓜蛋白酶，可以分解蛋白质，因此，木瓜具有促进消化和吸收的作用。

清香馥郁

牛油果燕麦奶昔

烹饪时间 **10** min　难易程度 ◯

牛油果是一种可能需要分数次才能了解的食材。初识，有着浓厚的动物脂肪的腻味；再识，夹杂着淡淡的青草香；而后，搭配盐或者蜂蜜吃下去，仿佛打开了新世界的一扇小窗。

主料

牛油果	150g
香蕉	150g
混合水果脆燕麦	100g

辅料

牛奶	250ml

调料

蜂蜜	2 茶匙

烹饪秘籍

1. 蜂蜜与牛油果搭配，可提升甜度，解除油腻感。
2. 这款奶昔可以作为早餐的主食，搭配鸡蛋，营养丰富。

总热量: 934 千卡

牛油果 150 克	257 千卡
香蕉 150 克	140 千卡
混合水果脆燕麦 100 克	402 千卡
牛奶 250 毫升	135 千卡

营养贴士

蜂蜜中含有果糖，果糖在人体内转化为葡萄糖，继而被人体快速吸收，能补充体力，使精力充沛。蜂蜜还促进肠胃蠕动和分泌消化液，润肠效果较好，可缓解便秘。

 做法

01. 牛油果洗净，对半切开，去核后削去皮，切块。

02. 香蕉去皮，切块。

03. 牛油果和香蕉一同放入料理机中，加入蜂蜜和牛奶，打成奶昔状，盛入杯中。

04. 奶昔杯表面撒上混合水果脆燕麦，就可以美美地开吃了。

很多人不喜欢吃胡萝卜，那么可以考虑生榨饮用或者煮熟后榨汁饮用。搭配苹果汁或香橙汁，即刻呈现酸酸甜甜好味道。

主料

胡萝卜	150g
苹果	250g
橙子	300g

辅料

鲜柠檬	50g

烹饪秘籍

1. 也可将胡萝卜去皮切块后下凉水锅，煮5~10分钟至熟透，再捞出与其他水果一起榨汁。
2. 橙子换成血橙，颜色会更深，色泽会更诱人。

营养贴士

生胡萝卜榨汁，可以与苹果、橙子一同为人体补充更多的维生素C，美白养颜。若保留打碎的果肉渣一同饮用，可以增加膳食纤维，帮助人体胃肠蠕动，预防便秘。

橙红年代

胡萝卜苹果香橙汁

烹饪时间 **15** min　难易程度 ▢

总热量：344 千卡

胡萝卜 150 克	48 千卡
苹果 250 克	133 千卡
橙子 300 克	144 千卡
鲜柠檬 50 克	19 千卡

做法

01. 胡萝卜清洗干净，去皮，切块。

02. 苹果洗净，去皮，去核，切块。

03. 橙子去皮，直接切块。

04. 柠檬挤出汁，倒入小碗中备用。将胡萝卜块、苹果块、橙子块和柠檬汁一同倒入破壁机中，加入没过食材的水，榨汁即可。

双莓桑葚醋饮

喜欢吃的水果，可以用醋泡

烹饪时间
（不含浸泡时间）

15 min

难易程度

总热量：485 千卡

桑葚	150	克	86 千卡	
草莓	50	克	16 千卡	
蓝莓	30	克	17 千卡	
冰糖	80	克		318 千卡
米醋	250	毫升	48 千卡	

当很多蔬菜瓜果已经可以一年四季在大棚种植时，我们依然会怀念那些短暂而美好的时令食物。于是，人们想到多种保鲜和留住美味的方法。4~6月是桑葚成熟的季节，用桑葚做果酱很美味，酿酒很滋养，制作成桑葚醋更是酸酸甜甜，全家都爱。

主料

桑葚	150g
米醋	250ml
草莓	50g
蓝莓	30g

辅料

苏打水	300ml
冰块	50g

调料

冰糖	80g
蜂蜜	2茶匙

做法

01. 桑葚洗干净，用厨房纸巾吸干表面的水，倒入干净、无水、无油的密封罐。

02. 铺一层桑葚，铺一层冰糖。

03. 依次放完所有桑葚和冰糖，加入米醋后密封，放入冰箱冷藏室浸泡1周。

04. 草莓洗净去蒂，切成小块；蓝莓洗净。

05. 草莓、蓝莓分别平均放入两个玻璃水杯中，各加入1茶匙蜂蜜，腌制10分钟入味。

06. 桑葚醋罐子打开盖，用干净且干燥的勺子搅拌均匀，将果肉打散。

07. 在盛草莓和蓝莓的杯中分别加入2汤匙桑葚果醋。

08. 每杯放入25g冰块，再分别缓慢加入150ml苏打水，搅拌均匀即可饮用。

烹饪秘籍

1. 密封罐和桑葚本身都要经过干燥处理，否则在浸泡过程中容易滋生细菌，使果醋变质。

2. 苏打水注入过程中，因果醋密度大会沉在下方，水果和冰块会逐渐漂起，如此便形成了好看的分层。

营养贴士

桑葚有固发、防脱发的作用，经常食用还会使头发乌黑、有光泽。桑葚中的胡萝卜素能促进视紫质含量保持正常，延缓视觉反应迟钝的发生，避免强光伤害，从而保护视力。

绿油油的果蔬汁

菠菜黄瓜苹果汁

烹饪时间 **15** min 　难易程度 ◎

喝下这杯充满生机的果蔬汁，你会感觉自己站在了希望的田野上，清新舒爽，浑身充满力量。

● 主料

菠菜	50g
苹果	300g
黄瓜	200g

● 调料

蜂蜜	1 茶匙
盐	1/2 茶匙

◎ 烹饪秘籍

1. 焯菠菜的水中含有草酸，不要用这个水直接榨汁。
2. 菠菜可以不焯水，直接榨汁，口感上与焯过水的相差无几。

● 营养贴士

苹果的热量很低，但其含碳水化合物的比例在水果中相对较高，吃下去会有一定的饱腹感。苹果中的钾元素对神经肌肉传导影响极大，含量不足时会引起焦虑、失眠以及心律不齐等，适当补充，有助于维持神经系统和心脏正常运转。菠菜、黄瓜和苹果中含有的丰富的膳食纤维可以促进肠胃蠕动，预防便秘。

总热量：205 千卡

菠菜 50 克	14 千卡
苹果 300 克	159 千卡
黄瓜 200 克	32 千卡

● 做法

01. 菠菜去根，清洗干净。

02. 锅中加水烧开，放入盐，放入菠菜焯 1~2 分钟至变软、颜色变深，捞出过凉水，沥干。

03. 苹果和黄瓜分别洗净、去皮，苹果去核，再分别切块。

04. 将苹果、黄瓜、菠菜和蜂蜜一同放入破壁机中，加入约 300ml 清水，打成果汁即可。

香蕉和牛油果的组合，可以奶香
四溢，也可以清新爽口。

○ 主料

香蕉	200g
牛油果	250g

○ 辅料

鲜薄荷叶	6 片

○ 调料

蜂蜜	2 茶匙

烹饪秘籍

果汁中薄荷的风味较为突
出，同时又很好地融合在
饮品中，味道不会过重。
如果不喜欢，可以不加。

清爽不腻

香蕉牛油果汁

烹饪时间	**10** min	难易程度	⬤

○ 营养贴士

薄荷中含有薄荷油，散发出清新微凉的气味，可
以刺激中枢神经，使人卸除疲惫，神清气爽。薄
荷中含薄荷醇可清除热燥、止咳、缓解咽喉疼痛，
外敷时可消炎止痛。
家里可以栽一盆薄荷，不仅能随时入餐、入茶，
还能驱蚊，既美观又实用。

总热量: **614** 千卡	
香蕉 200 克	**186** 千卡
牛油果 250 克	**428** 千卡

○ 做法

01. 香蕉去皮，切块。

02. 牛油果洗净，对半切开，去核后去皮切块。

03. 鲜薄荷叶洗净待用。

04. 将香蕉、牛油果、蜂蜜和薄荷放入破壁机中，
　　加入约 350ml 清水，打成果汁，倒出饮用
　　即可。

咸柠七

这个夏天
有点咸

烹饪时间　难易程度

10 min

夏天出汗多，体内盐分会随之排出体外，要及时适当补充，保持人体组织液的盐分浓度维持在正常水平。咸柠七真的是非常棒的消暑饮品！

总热量：**166 千卡**

咸柠檬 20 克	**8 千卡**
七喜 500 毫升	**150 千卡**
鲜柠檬 20 克	**8 千卡**

主 料

咸柠檬	20g（2 颗）
七喜	500ml

辅 料

鲜柠檬	20g
冰块	50g
鲜薄荷叶	4 片

调 料

白砂糖	1 茶匙
蜂蜜	1 茶匙

做 法

01. 取 1 颗咸柠檬，对半切开，分别放入两个玻璃杯中。

02. 鲜柠檬洗净，切成两块，分别放入上面两个玻璃杯中，各加入 25g 冰块。

03. 再各注入 250ml 七喜。薄荷叶洗净，点缀到杯中。

04. 杯口刷一圈蜂蜜，再小心粘上白砂糖作为装饰。

05. 放入长柄勺子，戳碎咸柠檬，使其味道融入七喜中，插上吸管即可饮用。

烹饪秘籍

1. 推荐选用潮汕地区的咸柠檬，也可以自行腌制，腌制周期 6 个月以上。

2. 如果不喜欢碳酸饮料，可以用无糖苏打水代替，杯中可以加入 1 茶匙蜂蜜来调和口味。

营养贴士

除了做饮料，咸柠檬还可以泡温水后饮用，能减轻感冒初期症状。它还能止咳润肺，适合在换季时节配合温水服用。柠檬有很强的抗氧化能力，有助于肌肤的抗衰老和美白。

红粉佳人

火龙果雪梨汁

烹饪时间 **10** min　难易程度 ◯

红红的火龙果肉和洁白的雪梨肉，一同打成细腻的饮品，清凉舒爽，满满的营养，适合一年四季，想喝就喝。

GOOD MORNING

主料

红心火龙果　　300g
雪梨　　　　　300g

辅料

鲜薄荷叶　　2 片

🍳　烹饪秘籍

1. 新鲜雪梨的水分含量高，打果汁时可以不加水。
2. 火龙果的内皮可以保留，与果肉一起榨汁食用。

总热量：417 千卡

| 雪梨 300 克 | **237** 千卡 |
| 红心火龙果 300 克 | **180** 千卡 |

营养贴士

红心火龙果含有大量的花青素，清除自由基的能力非常强大，是细胞和肌肤的强抗氧化剂，能延缓衰老，呵护心脑血管系统健康。红心火龙果中的植物蛋白能给胃部形成保护膜，并吸附重金属元素，使之随着新陈代谢排出体外。

做法

01. 红心火龙果冲洗一下，挖出果肉。

02. 雪梨洗净，去皮、核，切块。

03. 薄荷叶清洗干净。

04. 火龙果和雪梨一同放入料理机中，打碎成果汁，倒入杯中，点缀薄荷叶即可。

含丰富膳食纤维的果蔬组合，是
健康的象征，且制作方法简单，
很适合天天饮用！

主料

羽衣甘蓝	50g
雪梨	100g
猕猴桃	200g

辅料

| 椰子汁 | 350ml |

烹饪秘籍

椰子汁可以提升羽衣甘蓝
的口感和香味。如果没有
椰子汁，可以使用纯净水
代替。

营养贴士

雪梨和猕猴桃中维生素 C 和膳食纤维的含量都非
常丰富，具有抗氧化、抗皱、促进排便的功效，
有助于纤体塑形。雪梨可以润肺润喉，化痰止咳，
非常适合秋冬季节食用。猕猴桃中含多种微量元
素，有稳定情绪和安神的功效，能令人心情愉悦。

减肥效果很强悍

羽衣甘蓝果蔬汁

烹饪时间 **10** min　难易程度 〇

总热量：396 千卡

雪梨 100 克	**79** 千卡
猕猴桃 200 克	**122** 千卡
椰子汁 350 毫升	**179** 千卡
羽衣甘蓝 50 克	**16** 千卡

做法

01. 羽衣甘蓝洗净，撕成小块。

02. 雪梨洗净，去皮、核，切块。

03. 猕猴桃洗净，去皮，切块。

04. 将以上 3 种食材倒入破壁机中，加入椰子汁，
搅打出细碎的小颗粒，倒入杯中即可饮用。

优质补血饮品

甜菜根胡萝卜果汁

烹饪时间 **10** min

难易程度 ⬤

女生每个月都要遇到"大姨妈"，造成血液流失。通过食用外表朴实无华的甜菜根，可以达到较好的补血效果，即使是素食者也可以放心饮用。

主料

甜菜根	200g
胡萝卜	100g
苹果	300g

📷 烹饪秘籍

甜菜根老化的部分，打入果汁中口感不好，不利于消化，通常需提前切除。

总热量：365 千卡

甜菜根 200 克		**174 千卡**
胡萝卜 100 克	**32 千卡**	
苹果 300 克		**159 千卡**

营养贴士

甜菜根中含有甜菜碱，有利于维护肝脏的健康状态。甜菜根和胡萝卜含有丰富的铁元素，有助于产生健康的红细胞，适合贫血患者和经期失调者食用。

做法

01. 甜菜根切除根部，洗净，去皮，切块。

02. 胡萝卜洗净，去皮，切块。

03. 苹果洗净去皮、核，切块。

04. 将三者混合，放入破壁机中，加入约300ml 纯净水，打成果汁，倒入杯中即可饮用。

一碗甜水一座城，夏日里广东人喜欢煲一锅甜水给全家饮用，清甜又降火。

主料

竹蔗干	50g
茅根（新鲜）	150g
马蹄	90g（6颗）

辅料

胡萝卜	100g

烹饪秘籍

1. 竹蔗是青皮甘蔗，与我们日常买的紫皮甘蔗外皮颜色不同，口感和功效也有区别，煮甜汤要选竹蔗。没有新鲜竹蔗时，可以用竹蔗干代替。

2. 新鲜茅根和竹蔗可以在中药店或者网店购买到。

营养贴士

竹蔗是甘蔗的一种，茅根又名茅草、白茅根，这两者都可以清暑热、预防中暑。马蹄热量不高，钾含量丰富，可以消水肿，适合在减肥期间食用。

粤式小甜水

竹蔗茅根马蹄饮

烹饪时间 **40** min　难易程度

总热量：147 千卡

竹蔗干 50 克	**15** 千卡
茅根 150 克	**45** 千卡
马蹄 90 克	**55** 千卡
胡萝卜 100 克	**32** 千卡

做法

01. 竹蔗洗净待用。茅根洗净，切成5cm长的条。

02. 马蹄去皮，洗净。

03. 胡萝卜洗净，去皮，切滚刀块。

04. 将上述食材放入电高压锅内胆，加约1600ml纯净水，按煲汤键，煮约25分钟后盛出即可。

茶香与果香，相辅相成

西柚百香果汁

烹饪
时间 **10** min

难易
程度 ▢

（不含泡茶包时间）

天气热的时候，用冷泡茶代替清水制作果汁，是非常美妙的体验！

主料

西柚	300g
百香果	40g

辅料

白桃乌龙茶包　1 个

调料

蜂蜜	4 茶匙

烹饪秘籍

1. 如果用茶叶代替白桃乌龙茶包，那么茶叶和纯净水可以按 1：100 的比例冲泡，常温泡 3~4 小时，过滤茶叶后放入冰箱冷藏一夜。

2. 可用榨汁法制作果汁后加入茶水，果味更香浓。

营养贴士

西柚中的芦丁能防止维生素 C 被氧化，从而加强美容养颜、抗衰老作用。百香果含有丰富的维生素 C、胡萝卜素，能有效清除人体内的自由基，达到排毒养颜的效果。另外，西柚和百香果中含有丰富的膳食纤维，能促进消化，预防和缓解便秘。

总热量：126 千卡

西柚 300 克		**99 千卡**
百香果 40 克		**27 千卡**

做法

01. 提前一晚，在密封玻璃杯中放入白桃乌龙茶包，注入约 400ml 纯净水，盖好盖，置于阴凉处或放入冰箱冷藏室，放一夜。

02. 西柚洗净，去皮，切块。

03. 百香果对半切开，挖出果肉。

04. 西柚、百香果肉与蜂蜜一起分别倒入两个杯中，各注入 200ml 冷泡茶，搅匀即可饮用。

豆浆的香味加上红茶的香味，恍惚一瞬间，仿佛喝到了刚刚出炉的奶茶，搭配早餐，感觉元气满满！

主料

黄豆	50g
熟亚麻籽	30g
红茶包	1 个

调料

蜂蜜	1 茶匙

烹饪秘籍

1. 如果豆浆机没有生干豆直接磨煮功能，可以提前一晚浸泡黄豆，或者选用破壁机进行料理。

2. 以目前的豆浆机技术，煮出来的豆浆中豆渣已经非常细腻，如果不喜欢豆渣的口感，可以增加一个过滤的步骤，之后再饮用。

营养贴士

黄豆中含有大量的优质蛋白，能提高人体免疫力，是减肥塑身期间非常好的蛋白质来源。黄豆富含的卵磷脂可以去除附着在血管壁上的胆固醇，并预防肝脏内脂肪囤积，减少脂肪肝的形成。

非一般的豆浆

红茶亚麻籽豆浆

烹饪时间 **25** min　难易程度 ●

（不含泡茶包时间）

总热量：338 千卡

黄豆 50 克	**195 千卡**
熟亚麻籽 30 克	**143 千卡**

做法

01. 取密封容器，放入红茶包，注入凉开水约 300ml，放入冰箱冷藏一夜。

02. 熟亚麻籽用浸水后拧干的厨房纸巾擦拭，待用。

03. 清洗黄豆，放入豆浆机中。

04. 加入亚麻籽和全部冷泡茶水，再加约 700ml 清水，豆浆机选择干豆豆浆程序，约 20 分钟后豆浆煮好，淋入蜂蜜即可。

香浓丝滑

胚芽米浆

烹饪时间 **40** min　难易程度 ◉

健康的新兴食物不知道如何料理？选择最简单的方式，找到它的本味便能感受食物的奥妙。豆浆改为米浆，也不失为早餐的一个新选择。

主料

| 胚芽米 | 60g |
| 烤花生米 | 20g |

调料

| 冰糖 | 20g |

烹饪秘籍

1. 如果手头只有生花生，可将烤箱以 150℃ 上下火预热，把花生放入烤盘中，入烤箱烤 5 分钟，取出冷却至变脆后使用。
2. 如果使用的破壁机带加热煮制功能，则无须倒出来煮制，可直接做出熟的米浆。

营养贴士

花生有六高：高蛋白质、高膳食纤维、高碳水化合物、高不饱和脂肪酸、高热量以及高饱腹感。因其热量高，故不可大量食用。不饱和脂肪酸是人体必需的脂肪酸，具有提高脑细胞活力、促进大脑发育、增强记忆力的作用，可以改善血液微循环，帮助维生素在体内运转和吸收等。

总热量：**408** 千卡

胚芽米 60 克	**211** 千卡
烤花生米 20 克	**117** 千卡
冰糖 20 克	**80** 千卡

做法

01. 胚芽米用清水浸泡 30 分钟，洗净后沥干，倒入破壁机内。

02. 烤熟的花生米剥去红色外皮，也放入破壁机中。

03. 加入适量清水，打至看不出颗粒的细滑状态。

04. 倒入煮锅中，大火烧开，加入冰糖，中火煮 5 分钟，搅拌均匀后倒入杯中饮用。

舍·简食材

第二章

一千个人眼中有一千个哈姆雷特。寻常的简单食材，因不同的搭配和制法，成就了变幻万千的味道。

凉拌芦笋

清新美味的
蔬菜之王

烹饪时间　　难易程度

15 min

芦笋被誉为蔬菜之王，长出土壤的部分接触到阳光就会变成好看的绿色。挺拔翠绿的芦笋加上红红的小米椒，令餐桌增色不少。

总热量：105 千卡

芦笋 300 克 ▬▬▬▬▬▬▬ **66 千卡**
大蒜 30 克 ▬▬▬▬ **39 千卡**

主 料

芦笋	300g

辅 料

小米椒	5g
大蒜	30g

调 料

油	1 汤匙
蚝油	1/2 汤匙
盐	1/2 茶匙
料酒	2 汤匙
白糖	1/2 茶匙
熟黑芝麻	1g

做 法

01. 锅中倒入适量凉水烧开。烧水过程中把芦笋根部老皮削掉，清洗干净。

02. 小米椒切成细圈，大蒜去皮后切成末。

03. 将芦笋放入开水锅中焯水，至断生捞出，泡入凉水中待用。

04. 把芦笋整齐摆放在盘子里，中间铺上 1/3 蒜末。

05. 炒锅加热，放油，油热后加入小米椒、2/3 蒜末和其他调料（黑芝麻除外），翻炒成酱汁。

06. 将炒好的酱汁趁热浇到芦笋上，再点缀黑芝麻，即可食用。

烹饪秘籍

1. 绿叶菜焯水时加入一点盐和几滴油，可以保持其颜色翠绿不变黄，同时尽可能保持营养不流失。

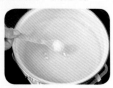

2. 滚烫的酱汁浇到生蒜末上，可以激发生蒜的香气，带来更丰富的口感。

营养贴士

芦笋热量极低，膳食纤维含量非常丰富，可以帮助消化，缓解便秘，降低血脂和胆固醇；芦笋还含有丰富的 B 族维生素和硒、铁、锰、锌等矿物质，以及多种人体必需的氨基酸，有助于人体生长发育和新陈代谢。

紫色富士山

蓝莓山药

烹饪时间 **30** min　难易程度 ▢

蓝莓山药制作简单，老少咸宜，可以变换多种造型，适合作为减肥期间的主食食用。家庭成员可以参与制作，增加互动的乐趣。

主料

山药	300g

辅料

蓝莓酱	30g
牛奶	1 汤匙

调料

蜂蜜	1 茶匙
盐	1g

▣ | 烹 饪 秘 籍

1. 山药蒸熟后再去皮，可避免皮肤因接触到山药中的黏液而引起过敏。
2. 山药泥中加入盐，可使山药泥品尝起来更甘甜。

营养贴士

山药属于食药同源的食材，脂肪含量较低，微量元素种类多且含量丰富，可以补脾健胃。另外，山药升糖指数低，糖尿病人也可以放心食用。蓝莓热量低，富含多种氨基酸和维生素。其所含的花青素抗氧化能力极强，对于保护视力也有很好的效果。

总热量：239 千卡

山药 300 克	**171** 千卡
蓝莓酱 30 克	**68** 千卡

做法

01. 山药清洗干净，切小段，放入蒸锅中，隔水蒸 15 分钟左右，取出去皮。

02. 将去皮后的山药倒入破壁机中，加入盐和牛奶，打成顺滑的糊状。

03. 山药泥倒入盘中，戴上手套将其堆成锥形。

04. 在蓝莓酱内加入少量温水和蜂蜜后搅匀，慢慢浇在山药泥上，即可食用。

夏天盛产茄子。天热没胃口的时候，蒜泥茄子可以让你的食欲为之一振。

主料

茄子	300g

辅料

大蒜	40g
小米椒	5g
香葱	5g

调料

生抽	1 汤匙
醋	1/2 汤匙
盐	1/2 茶匙
白糖	1/2 茶匙
香油	1/2 茶匙

烹饪秘籍

1. 茄子切块蒸，可以减少烹饪时间。直接放在蒸屉上蒸，可避免茄子因被自身蒸出的水浸泡而破坏口感。
2. 大蒜最好是用蒜臼来捣。加入一点盐，更容易捣成泥。

营养贴士

茄子是为数不多的紫色蔬菜之一，低热量、低脂肪，微量元素含量丰富，茄子皮中更富含维生素E和芦丁，有助于延缓衰老，降低血压和血脂。

夏日最清爽的小菜

蒜泥拌茄子

烹饪时间	**20** min	难易程度	◎

总热量：120 千卡

茄子 300 克		**69** 千卡
大蒜 40 克		**51** 千卡

做法

01. 茄子洗净，带皮切成大块，直接放入蒸锅中的蒸屉上，大火烧开后蒸 10 分钟，熟透变软后取出。

02. 小米椒切细圈状；香葱切末；蒜瓣捣成蒜泥备用。

03. 茄子略放凉，用手或者筷子辅助撕成小条，摆入盘中。

04. 将蒜泥、小米椒与调料混合，浇到茄子上，点缀上葱末，拌匀后即可食用。

不一定要用糖的

凉拌西红柿

烹饪时间 **10** min
难易程度 ◯

总热量：**56** 千卡

番茄 **300** 克 —— **45** 千卡
苦苣 **20** 克 —— **11** 千卡

凉拌番茄（又名西红柿）时，舍弃常用的白糖，咸味酱汁会把其爽口、又沙又面的特质发挥得淋漓尽致。

主料

番茄	300g（2个）
苦苣	20g

辅料

蒜	5g
香葱	2g

调料

生抽	1 汤匙
醋	1/2 汤匙
盐	2g
香油	1/2 茶匙

🍲 烹饪秘籍

1. 成熟度高的番茄洗净后在顶部用刀轻划一个十字，头朝下在开水中烫一烫，即可轻松去皮。

2. 喜欢重一点口味的，可在做酱汁时加入半茶匙花椒油和半茶匙辣椒油，可以提鲜，味型也转为麻辣味。

营养贴士

番茄的热量非常低，含水量很高，可作为水果食用。番茄含有丰富的番茄红素、B 族维生素、维生素 C、芦丁，在健胃消食、抗衰老、保护心血管和降低血压等方面有不错的效果。

做法

01. 番茄洗净，切滚刀块，放入碗中。

02. 香葱洗净，去根，切碎；大蒜去皮，切末；蒜末和调料混合均匀，做成酱汁。

03. 把酱汁倒入番茄碗中，拌匀，腌 5 分钟入味。

04. 清洗苦苣并沥水，平铺摆入盘底，将腌好的番茄倒在苦苣上，撒香葱碎，即可食用。

看鲜奶油在黄瓜上流淌，闻着奶香与清香混合的味道，制作与品尝的过程中都会带来轻松的好心情。

鲜奶油黄瓜沙拉

烹饪时间 30 min　难易程度 ◎

主料

| 黄瓜 | 300g |
| 鲜奶油 | 2 汤匙 |

辅料

| 青柠檬 | 20g |
| 小香葱 | 2g |

调料

| 盐 | 1/2 茶匙 |
| 黑胡椒碎 | 1/2 茶匙 |

烹饪秘籍

1. 建议黄瓜削皮处理，从视觉和口感上都会更佳。
2. 柠檬汁能提鲜，还能中和奶油的油腻感，是本道菜不可或缺的食材。

营养贴士

黄瓜热量低，含水量丰富，富含葫芦素C，具有提高人体免疫力的功效，所含的黄瓜酶可促进新陈代谢。鲜奶油是牛奶中提取的脂肪，富含维生素A，对预防近视、促进人体生长很有益处，但不宜大量食用。

总热量：116 千卡

黄瓜 300 克	**48 千卡**
鲜奶油 30 克	**60 千卡**
青柠檬 20 克	**8 千卡**

做法

01. 黄瓜洗净，削皮，切成 1cm 厚的片状。

02. 将盐与黄瓜混合均匀，放入冰箱内腌 20 分钟。

03. 青柠檬洗净，切开，把柠檬汁挤到小碗中；香葱洗净，去根，切成小圈。

04. 将柠檬汁与奶油、黑胡椒碎充分搅拌均匀，倒入腌好并沥去水的黄瓜中，撒上香葱圈即可。

鲜虾煎豆腐紫薯沙拉

柔软筋道

一组低热量、低碳水化合物、高蛋白的高颜值组合，好吃又健康。

调 料

总热量：546 千卡

主料		调料	
海虾	200g	果醋	1/2 汤匙
豆腐	200g	橄榄油	1 汤匙
紫薯	200g	盐	1 茶匙
		黑胡椒碎	1/2 茶匙
辅料		食用油	1 汤匙
生菜	50g		

食材	重量	热量
海虾	200 克	158 千卡
豆腐	200 克	168 千卡
紫薯	200 克	212 千卡
生菜	50 克	8 千卡

做法

01. 海虾冲洗后沥干，迅速放入冰箱冷冻层冷冻 15 分钟，方便后续剥壳。

02. 紫薯清洗干净，入蒸锅隔水蒸 15~20 分钟，至筷子可以扎透即熟。

03. 紫薯取出晾凉，去皮后切成 2cm 见方的块。

04. 豆腐切成 2cm 厚的方块，用厨房纸巾吸干表面水待用。生菜清洗沥水，撕成小块。

05. 平底锅加热，倒入食用油，油热后转小火，放入豆腐，每面各煎 2~3 分钟至表皮金黄，均匀撒入 1/2 茶匙盐后夹出待用。

06. 取出虾，剥去壳，剔除虾线，再次清洗虾仁。煮一锅水，水沸后放入虾氽 1 分钟，至变红即可捞出。

07. 取沙拉碗，放入生菜、虾仁和紫薯，调入橄榄油、果醋、盐和黑胡椒碎搅拌均匀。

08. 将豆腐放入沙拉碗中，与其他食材一同食用。

烹饪秘籍

1. 可以用油煎一下虾仁，口感会更香。

2. 豆腐要选择北豆腐，容易煎成形，内酯豆腐不适合用于这道菜。

3. 若买不到海虾，可以用冷冻虾仁代替，提前解冻即可。

营养贴士

海虾基本上不含脂肪，是非常优质的蛋白质来源；含丰富的镁，对保护心血管很有帮助。人体所需的必需氨基酸基本上都能在豆腐中找到，豆腐中的大豆异黄酮可调节乳腺对雌激素的反应，降低乳腺癌的发病几率。紫薯含有大量的花青素，同时富含硒和铁，有助于补血、抗疲劳、抗衰老。

番茄炒蛋

永恒的
"家" 的味道

烹饪时间　难易程度

很多时候，我们回忆起"家"的味道，想到的就是这道最寻常的番茄炒蛋，同时它也是很多人学会的第一道拿手菜。红色和黄色交相辉映，酸甜可口的滋味在舌尖流淌，开胃下饭，是米饭的绝佳伴侣。这道菜碳水化合物含量低、热量低、蛋白质含量高，营养搭配均衡。

总热量：**240** 千卡

番茄 400 克		**60** 千卡
鸡蛋 120 克		**173** 千卡
番茄酱 45 克		**7** 千卡

主 料

番茄	400g
鸡蛋	120g（2 个）

辅 料

葱末	5g
姜末	3g
蒜末	3g

调 料

料酒	1 茶匙
橄榄油	2 汤匙
盐	1/2 茶匙
番茄酱	45g
白砂糖	1/2 茶匙

做 法

01. 番茄洗净，切滚刀块。葱、姜、蒜洗净，去皮，去根，切末。

02. 鸡蛋打散，加入料酒和1g盐，搅拌均匀备用。

03. 炒锅中火加热，倒入 20ml 橄榄油，转大火。

04. 见有烟微微升起时倒入鸡蛋液，待蛋液起泡、略凝固时打散，翻炒，盛出。

05. 另起炒锅加热，调大火，倒入剩下的橄榄油，下葱姜末炝锅，加入番茄翻炒。

06. 炒至番茄变软，改为中小火炒至出汁，加入番茄酱、白砂糖及剩余的盐调味。

07. 加入鸡蛋拌匀，关火，撒葱花，即可趁热食用。

烹饪秘籍

建议选择无添加剂的番茄酱，以增加菜品的黏稠度和色泽，使之更红润多汁。

营养贴士

番茄富含番茄红素，加热后抗氧化能力更强。鸡蛋含有丰富的蛋白质、DHA、卵磷脂和矿物质，使人体力充沛，耐力持久。

黑椒牛排

减肥最应该
多吃的

烹饪时间　难易程度

60
min

减肥塑身阶段，要多吃含优质蛋白的食物，减少碳水化合物的摄入，牛肉是首选食材。牛排是牛肉中相对细嫩的部位，容易形成饱腹感，避免餐后升糖过快而暴饮暴食。

总热量：779 千卡

牛排 300 克	510 千卡
西蓝花 50 克	18 千卡
土豆 200 克	162 千卡
黄油 10 克	89 千卡

主 料

| 牛排 | 300g（2块） |

辅 料

西蓝花	50g
土豆	200g
锡纸	1张

调 料

海盐	1/2 茶匙
橄榄油	1/2 汤匙
黄油	10g
黑胡椒粒	1 茶匙

做 法

01. 牛排洗净，用厨房纸巾吸干表面，涂抹少量海盐，腌制半小时。

02. 西蓝花洗净，切成均匀的朵状；土豆去皮，清洗，切滚刀块，放入少量海盐，磨入 1/2 茶匙黑胡椒粒，加入橄榄油拌匀。

03. 烤箱 200℃ 上下火预热 5 分钟，土豆块放入烤盘，用锡纸包裹，烤 20 分钟至焦黄后取出。

04. 烤土豆同时烧适量开水，加 1/2 茶匙海盐，放入西蓝花焯水，至变软后捞出待用。

05. 平底锅烧热，加入黄油，烧至六成热，放入牛排，将一面煎至变色。

06. 牛排翻面，撒入剩余海盐，磨入剩余黑胡椒粒调味，煎至变色后盛入盘中。

07. 把土豆、西蓝花摆入盘中即可。

烹饪秘籍

1. 一定要开大火后再放入牛排，煎制定形过程中不要移动牛排。

2. 要根据牛排的种类、大小和厚度，锅的类型，以及个人喜欢的口味，来调整煎制的时间。

营养贴士

牛排富含蛋白质，能为运动过程提供热量，有助于减少肌肉损耗。西蓝花富含蛋白质、维生素、矿物质等，几乎包含人体所需所有营养类型，在促进儿童成长、骨骼发育、保护视力等方面很有益处。

香煎鳕鱼

 30 min

**又香又白
人人夸**

深海鳕鱼味道鲜美，有着蒜瓣式的紧实肉质，少有
细小鱼刺，非常适合老人和宝宝食用。

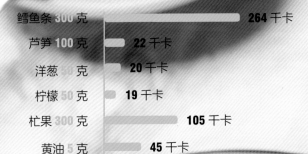

总热量：475 千卡

食材	热量
鳕鱼条 300 克	264 千卡
芦笋 100 克	22 千卡
洋葱 50 克	20 千卡
柠檬 50 克	19 千卡
杧果 300 克	105 千卡
黄油 5 克	45 千卡

主 料

鳕鱼条	300g（2块）

辅 料

芦笋	100g
洋葱	50g
柠檬	50g
爱文杧果	300g
香菜	2g

调 料

香叶	1 片
橄榄油	1 汤匙
黄油	5g
黑胡椒碎	1/2 茶匙
盐	1 茶匙
淀粉	5g

做 法

01. 将解冻后恢复常温的鳕鱼条清洗干净，用厨房纸巾吸干表面，涂抹黑胡椒碎腌制 15 分钟，而后裹上淀粉待用。

02. 洋葱清洗干净，切丝。香菜洗净，切末。芦笋洗净，刮去根部老皮。

03. 将杧果洗净，去皮、核，切块，果肉放入破壁机，加入约 100ml 纯净水，打碎后倒入煮锅中。

04. 煮锅小火加热，挤入半个柠檬的汁，放入香叶和 2g 盐，搅拌至黏稠，关火盛出，取出香叶，待用。

05. 煮锅加适量清水，加 1g 盐，水开后放入芦笋，煮至断生后捞出沥水，备用。

06. 平底锅中火加热，加入黄油和约 5ml 橄榄油，黄油化开后加入洋葱煸炒，加 1g 盐，炒至洋葱变色后盛出。

07. 另起平底锅加热，倒入剩余橄榄油，先大火把鳕鱼每面各煎 30 秒，再小火每面各煎 30 秒，两面均匀撒剩余盐，出锅。

08. 取深盘，倒入杧果浓汁，加洋葱丝，摆上芦笋。

09. 架上鳕鱼块，撒香菜末即可。

烹饪秘籍

1. 如果是一面有鱼皮的鳕鱼块，鱼皮这面可以切 2~3 刀，帮助入味和快速煎熟，适当延长鱼皮这面的煎制时间。

2. 裹淀粉，是为了让鱼块煎出来更完整，若不在意造型，可以省略这个步骤。

3. 爱文杧果比较香甜，纤维含量少，口感好。如果杧果不甜，煮汁的时候可以加入 5g 白砂糖（适量即可）。

营养贴士

大西洋深海鳕鱼脂肪含量低，富含多种微量元素，所含优质蛋白可以被人体高效吸收，鱼肉中含有的 DHA 可以有效促进视力、脑力和智力的发展。

秋葵蒸蛋

淑气催黄鸟，
晴光转绿蘋

烹饪时间　难易程度

30 min

水蒸蛋司空见惯，但增加秋葵这种食材后，就极大地提高了颜值。色彩搭配和谐，宛如绿色小星星挂在一轮灿灿的圆月之中。

  主料

鸡蛋	180g（3个）
秋葵	20g

  调料

盐	1/2 茶匙
生抽	1 茶匙
香油	1/2 茶匙

  做法

01. 3 个鸡蛋打入大碗中，用筷子或者打蛋器快速打散，搅拌均匀。

02. 鸡蛋液中缓慢注入约 200ml 温水，加入盐，搅拌均匀，用滤网撇去边缘泡沫，静置 15 分钟。

03. 秋葵洗净，去掉两头，切成 2~3mm 厚的片，待用。

04. 将秋葵片轻轻放入鸡蛋液碗中，使之浮在蛋液表面。碗上密封一层保鲜膜。

05. 蒸锅内加适量水，水烧开后把大碗放入蒸屉中蒸 7~8 分钟，关火，盖盖闷 2~3 分钟。

06. 戴手套取出大碗，淋入生抽，滴入香油，即可趁热食用。

 烹饪秘籍

1. 去除泡沫，是为了避免水蒸蛋消泡后，表面出现坑洼不平的现象。

2. 秋葵片切勿切太厚，一是不美观，可能会沉下去；二是可能蒸不熟，影响口感。

3. 覆盖保鲜膜，可以使蒸蛋质地更鲜嫩。

营养贴士

秋葵是一种高营养蔬菜，热量很低，分泌的黏蛋白有保护胃壁、促进胃液分泌、助消化的作用；另外，秋葵富含钙质，但草酸含量低，非常有利于人体对钙的吸收。

红烧冬瓜

夏秋宜多食

烹饪时间

20 min

难易程度

总热量：**60** 千卡

冬瓜 500 克 ──── **60** 千卡

主 **料**		**调** **料**	
冬瓜	500g	生抽	1 汤匙
		老抽	1 茶匙
辅 **料**		盐	1/2 茶匙
姜	10g	冰糖	5g
香葱	5g	食用油	1 汤匙

虽然用大棚种植蔬菜可以令我们吃到不当季的蔬菜瓜果，但吃时令果蔬永远是更好的选择。冬瓜是夏秋时令蔬菜，非常适合红烧，色泽诱惑，口感肥厚，令人食指大动。红烧冬瓜汁拌饭，不小心就会多吃一碗。

做 法

01. 冬瓜洗净，去皮、瓤，切成3cm见方的块，待用。

02. 香葱、姜洗净，姜去皮切成丝，香葱切成葱末。

03. 冰糖用刀背敲碎成小块（如没有冰糖，可以用白砂糖代替）。

04. 炒锅大火加热，放入食用油，油热后加入姜丝煸炒。

05. 煸出香味后放入冬瓜翻炒，待其表面稍微焦黄时推至一侧，放入冰糖。

06. 快速炒冰糖至化开、略微焦黄，马上与冬瓜混合，淋入生抽后继续翻炒均匀。

07. 加入纯净水，略微没过冬瓜即可，加入老抽和盐，水开后转小火。

08. 炖 10~15 分钟，大火收汁，出锅后撒香葱末即可食用。

烹饪秘籍

1. 冰糖既可提鲜又可增加红烧的色泽。若不喜欢老抽，可以适当增加冰糖的比例。

2. 如果有高汤，可以用其代替纯净水，味道更香浓。

营养贴士

冬瓜热量低，维生素 C 和钾含量丰富，而钠含量很低，非常有助于去除浮肿、利尿排便，对于易水肿且爱美的女生具有消肿、美白的功效，是减肥期不可多得的好食材。

土豆炖鱼子

益智又健脑　　　烹饪时间　　难易程度

50
min

总热量：591 千卡

鱼子 300 克		**429 千卡**
土豆 200 克	**162 千卡**	

逛菜场的时候，偶尔可以看到一组整齐的鱼子摆在案头，别犹豫，迅速拿下。鱼子在满足味蕾享受的同时，还可以为大脑和骨髓提供营养补充，尤其适合发育中的青少年食用。

主 料

鱼子	300g
土豆	200g

辅 料

姜末	5g
葱末	5g
蒜末	5g

调 料

盐	1/2 茶匙
生抽	2 茶匙
郫县豆瓣酱	2 茶匙
料酒	2 茶匙
白砂糖	1 茶匙
食用油	1 汤匙
香叶	1 片
桂皮	1 小段

做 法

01. 新鲜鱼子反复清洗，去除外面包覆的膜，只留鱼子，放入碗中。

02. 土豆去皮洗净，切成滚刀块。

03. 炒锅加热，倒油，随后加入葱姜蒜末爆香。

04. 开大火，倒入郫县豆瓣酱翻炒，加入约10ml清水，炒出红油后放入土豆块翻炒。

05. 加入生抽、料酒、白砂糖和鱼子炒匀，倒入刚好没过食材的清水，放入香片和桂皮。

06. 大火烧开，转中小火炖30分钟左右。加入盐，大火收汁即可。

烹饪秘籍

1. 郫县豆瓣酱与料酒可以有效去除鱼子的腥味。如果不食辣，可以换成豆豉或者黄豆酱与料酒，也可去腥。

2. 将鱼子烧熟、烧透，才易于消化吸收。儿童食用此菜，要适当减少数量，以免消化不良。

营养贴士

鱼子中含丰富的蛋白质和微量元素，含有的脑磷脂有助于提高智力、记忆力和认知能力。

宴客意头好

西芹山药百合

烹饪时间 **20** min

难易程度

总热量：**176** 千卡

西芹 150 克 ▭ **26** 千卡

山药 100 克 ▭ **57** 千卡

鲜百合 50 克 **83** 千卡

胡萝卜 30 克 ▭ **10** 千卡

主 料

西芹	150g
山药	100g
鲜百合	50g

调 料

料酒	2 茶匙
淀粉	1 茶匙
盐	1/2 茶匙
白砂糖	1/2 茶匙
食用油	1 汤匙

辅 料

胡萝卜	30g
蒜末	10g

西芹有助于改善肠胃，山药能健脾补气，百合可以安神。上述三者组合，可有效缓解现代人因生活压力大、作息不规律而导致的内分泌紊乱，适合常常食用。"勤"与"百和"，这道素炒的名字还有非常好的寓意。

 做 法

01. 西芹洗净，去叶、筋，根茎部斜切成 3cm 长的段；鲜百合掰开清洗，去除黑边；胡萝卜洗净，去皮，斜切成 3mm 厚的菱形片。

02. 戴一次性手套将山药清洗、去皮，切成与胡萝卜大小相同的菱形片。

03. 烧一锅水，加 1g 盐，水开后首先放入西芹焯水 30 秒，捞出过凉水，沥干备用。

04. 继续焯烫胡萝卜，约 1 分钟后捞出，沥水备用。

05. 继续焯烫山药，30 秒后捞出，沥水备用。

06. 取一个小碗，倒入白砂糖、淀粉、料酒和剩余的盐，加入约 10ml 清水，搅拌均匀成芡汁。

07. 炒锅加热，倒入油，冷油稍微变热即加入蒜末爆香，蒜末尚为白色未变焦时倒入西芹、山药、胡萝卜和百合快速翻炒。

08. 当百合变透明时加入芡汁，大火翻炒均匀，即可出锅。

  烹饪秘籍

1. 西芹去筋时很容易拉断，不易撕下长的丝来，说明西芹相对新鲜脆嫩，不老不柴。

2. 蔬菜可以不焯水，直接下锅炒，先炒胡萝卜，后依次加入山药、西芹和百合。焯水是为了缩短烹饪的时间。

营养贴士

西芹中膳食纤维含量很高，又富含蛋白质、维生素和矿物质，可利尿通便、消除水肿、促进血液循环。鲜百合可以润肺止咳，清心安神，不过其热量和碳水化合物含量较高，减肥塑身期间不能多吃。

告别单调吃法

胚芽米浆牛油果

总热量：588 千卡

牛油果 200 克	342 千卡
胚芽米 60 克	211 千卡
欧芹 10 克	4 千卡
青柠 10 克	4 千卡
牛奶 50 毫升	27 千卡

主 料		调 料	
牛油果	200g（2个）	海盐	1 茶匙
胚芽米	60g	橄榄油	1/2 汤匙
		现磨黑胡椒碎	1 茶匙

日常吃牛油果，可以加蜂蜜直接食用或者将其拌入沙拉内食用。这回加入西式调味香草——欧芹，搭配健康的胚芽米浆，即可做出一道风味独特的新式料理。

辅 料

新鲜欧芹	10g
青柠	10g（1个）
牛奶	50ml

做 法

01. 胚芽米清洗干净，提前浸泡 2 小时，入锅，加入约 500ml 清水，小火熬煮 40 分钟至黏稠，出锅。

02. 将胚芽米粥倒入破壁机，加入牛奶，打 30 秒后倒入大碗中备用。

03. 熟透的牛油果清洗干净，对半剖开，去核，用勺子挖出果肉，放入碗中备用，果壳保留。

04. 青柠洗净，对半切开，待用。

05. 洗净破壁机，加入牛油果、欧芹，撒入海盐和 4g 现磨黑胡椒碎，打 30 秒。

06. 牛油果泥倒入胚芽米浆中，挤入青柠汁，搅拌均匀。

07. 盛入牛油果壳中，果浆上撒入剩余黑胡椒碎，淋上橄榄油，即可食用。

烹饪秘籍

1. 欧芹非常适合搭配无明显味道的牛油果，若喜欢更强烈的味道，可尝试用新鲜绿薄荷叶代替。

2. 新鲜香料买得较多的话，可以将吃不完的香料放入保鲜袋，放进冷冻室保存。

营养贴士

稻谷中心位置的胚芽被保留下来的米，叫作胚芽米。大米 30% 左右的营养都集中在米胚中。胚芽米中蛋白质含量比精米多，所含脂肪绝大部分为单不饱和脂肪酸，可以有效降低胆固醇，从而保护心血管功能。

鹌鹑蛋苦瓜盏

烹饪时间
20 min

难易程度

总热量: **624 千卡**

食材	热量
苦瓜 250 克	**55 千卡**
鹌鹑蛋 100 克	**160 千卡**
全麦吐司 180 克	**409 千卡**

主 料

苦瓜	250g
鹌鹑蛋	100g

调 料

生抽	1 茶匙
橄榄油	1 茶匙
盐	1/2 茶匙

辅 料

全麦吐司	180g
熟黑芝麻	2g

日常饮食，必不能少了青菜。对于青菜，鲜美而有滋味的烹饪方式首选白灼。滚水焯至断生，看似简单，对基本功的要求其实并不低。

做 法

01. 苦瓜清洗干净，去掉头、尾，先用勺子把内瓤和白色薄膜部分全部挖去，切成 2cm 厚的完整圆圈。

02. 取几个苦瓜圈放在一片吐司上，用刀将吐司裁成与苦瓜圈等大的圆形，或者略小于苦瓜圈。

03. 锅中烧开适量清水，加入盐和几滴橄榄油，放入苦瓜焯水，待其颜色变深后马上捞出过凉水，沥干。

04. 烤盘内铺上锡纸，入烤箱，设置上下火230℃预热 5 分钟，关火。

05. 预热烤箱的同时将苦瓜圈放在吐司片上，将鹌鹑蛋依次打入 10 个苦瓜圈中，成鹌鹑蛋苦瓜盏。

06. 随后放入烤盘中，以230℃上下火烤9分钟，烤至鹌鹑蛋凝固、熟透，取出盛盘。

07. 鹌鹑蛋上依次点缀黑芝麻、生抽和几滴橄榄油，即可食用。

烹饪秘籍

1. 按照上述步骤，可减轻苦瓜的苦味，同时，尽可能地保留了苦瓜原本的风味。

2. 烤箱烤制时，苦瓜底部会流出鹌鹑蛋液，用一片吐司打底，可最大限度保持苦瓜盏外形的独立。

营养贴士

苦瓜中钾含量丰富，有利于消水肿、排毒素，有利于减肥；所含丰富的维生素 C 有助于清热明目。鹌鹑蛋中蛋白质、脑磷脂和卵磷脂含量高，能健脑益智，但同时胆固醇含量也较高，故不宜多食。

没有一粒米的饭

鸡蛋虾仁花菜饭

烹饪时间　难易程度

30 min

主　料		辅　料		调　料	
花菜	250g	番茄	350g	食用油	2 汤匙
鸡蛋	120g（2个）	香菇	45g（3颗）	黑胡椒碎	1/2 茶匙
海虾	200g（10只）	小青菜	10g	盐	1 茶匙
		洋葱	50g		

做 法

01. 海虾清洗干净，剥壳，剔除虾线后待用；番茄洗净，滚刀切小块；香菇、小青菜和洋葱清洗，都切成小方粒。

02. 花菜清洗干净，切成小朵，放入料理机搅拌成细碎的颗粒，盛入大碗。

03. 鸡蛋磕入碗中，打散搅匀，一半蛋液倒入花菜碗中搅拌均匀，剩余蛋液加入2g盐搅拌均匀备用。

04. 炒锅烧热，倒入1汤匙食用油，油热后倒入花菜翻炒，炒至八分熟盛出。

05. 另起锅，大火烧热后转中火，倒入5ml食用油，滑入蛋液。

06. 蛋液略微凝固后推至一旁，倒入虾仁，快速炒至变色，一起盛出。

07. 转大火，继续倒入剩余食用油，油热后放入洋葱炒至透明，加入番茄和香菇同炒，变软出汁后加入花菜一同翻炒。

08. 翻炒2分钟，陆续加入炒蛋、虾仁和青菜，炒制1分钟。

09. 撒入黑胡椒碎和剩余的盐，炒匀后出锅盛盘即可。

偶尔摆脱对碳水化合物的依赖，来感受一下生酮饮食的风味吧！花菜代替米饭，在生酮食谱中较为常见，美味又饱腹，日常又简易。

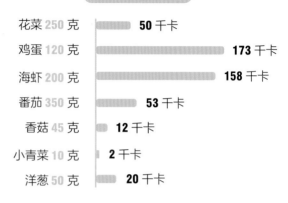

总热量：468 千卡

花菜 250 克	**50 千卡**
鸡蛋 120 克	**173 千卡**
海虾 200 克	**158 千卡**
番茄 350 克	**53 千卡**
香菇 45 克	**12 千卡**
小青菜 10 克	**2 千卡**
洋葱 50 克	**20 千卡**

🍲 | 烹 饪 秘 籍

1. 类似于蛋炒饭的处理方式，使蛋液包裹花菜颗粒，炒好后整体色泽更加金黄诱人。

2. 用洋葱做蛋炒饭，可以不再放葱、姜、蒜，将洋葱爆香，即可增加这道菜的风味。

😊 | 营养贴士

花菜含有丰富的维生素K，有助于促进人体血液正常凝固和骨骼生长。女性经期后和经常流鼻血的人也适合常吃。另外，花菜中丰富的维生素E，能清除人体自由基，是天然的抗氧化剂。

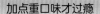

加点重口味才过瘾

鸡丝荞麦面

烹饪时间 30min　难易程度

特别想吃面、但对精制面粉感觉有负担的朋友，可以来一碗健康又美味的蘸汁荞麦面。荞麦是无麸质食品，没有面筋，所以 100% 的荞麦面吃起来不筋道，建议加入一些小麦粉，可增加黏性和有较好的口感。

主 料		辅 料		调 料	
鸡胸肉	150g	黄瓜	100g	香油	1/2 茶匙
荞麦面	100g	胡萝卜	50g	花椒油	1/2 汤匙
		绿豆芽	50g	辣椒油	2 茶匙
		蒜	15g	生抽	1 汤匙
		香菜	5g	醋	1 汤匙
		小米椒	5g	盐	1/2 茶匙
		姜	10g	料酒	1 汤匙
				食用油	1/2 汤匙

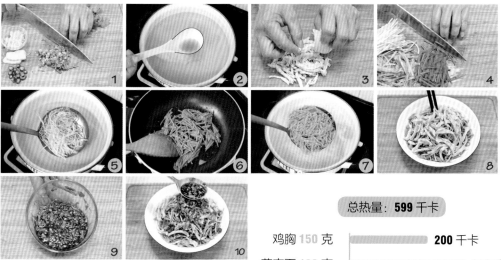

总热量：599 千卡

鸡胸 150 克		**200** 千卡
荞麦面 100 克		**340** 千卡
黄瓜 100 克	**16** 千卡	
胡萝卜 50 克	**16** 千卡	
绿豆芽 50 克	**8** 千卡	
蒜 15 克	**19** 千卡	

  做 法

01. 姜洗净，切厚片；蒜去皮，香菜清洗后，分别切末；小米椒切成圈；鸡胸肉洗净，去掉筋膜。

02. 鸡胸肉入煮锅，加入没过食材的清水，倒入料酒和姜片，大火煮开 10 分钟至熟。

03. 鸡肉捞出过凉水，变凉后用手撕成 5mm 宽的细丝。

04. 黄瓜洗净，切成细丝；胡萝卜洗净去皮，切细丝；绿豆芽洗净，控干水。

05. 煮适量清水，水开后，放入绿豆芽焯 1 分钟，断生后捞出沥水。

06. 炒锅加热后，放入食用油，油热后放入胡萝卜丝煸炒，变软后盛出待用。

07. 煮锅入凉水，水开后，下荞麦面煮透，捞出过凉水，沥干水后盛入面碗中。

08. 在荞麦面上，依次码上黄瓜丝、胡萝卜丝、绿豆芽和鸡丝。

09. 蘸汁制作：将生抽、醋、香油、花椒油、辣椒油、盐、香菜末、蒜末和小米椒圈混合均匀。

10. 把蘸汁淋入面碗中即可。

烹饪秘籍

1. 冰鲜肉类的温度要维持在 0℃，能保持肉质柔软和口感新鲜，优于冷冻处理。

2. 胡萝卜素是脂溶性维生素，过油后炒熟能更好地发挥作用。炒好的胡萝卜丝非常适合放入凉拌面，丰富了色彩和口感。

营养贴士

荞麦面中的荞麦粉使用的是不褪壳的荞麦，所以有更多的膳食纤维和营养素，其含有的维生素 B_1 可以帮助细胞生长和促进新陈代谢。

老北京的传统面食

糊塌子

烹饪时间　难易程度

30 min

总热量：**654** 千卡

西葫芦 **200** 克	**38** 千卡
中筋粉 **120** 克	**417** 千卡
鸡蛋 **120** 克	**173** 千卡
大蒜 **20** 克	**26** 千卡

主 料		调 料	
西葫芦	200g	盐	1 茶匙
中筋粉	120g	醋	1 汤匙
鸡蛋	120g（2 个）	香油	1 茶匙
		食用油	2 茶匙

辅 料

蒜	20g	熟黑芝麻	5g

老北京传统面食糊塌子指的就是西葫芦鸡蛋煎饼，其口感香香糯糯的，至今已经有 100 多年历史。它既是主食，也是小吃，可以一日三餐端上餐桌，金黄中夹着翠绿，喜欢面食的朋友一定不要错过。

做 法

01. 西葫芦洗净，擦成丝，盛入较大的碗中。放 1/2 茶匙盐，搅拌均匀，静置 10 分钟。

02. 蒜去皮，放入蒜臼中，加入少许盐，捣成蒜蓉，倒入醋，再淋入香油搅匀成蒜汁。

03. 待西葫芦析出水分，变软以后，先把水倒入另一个小碗中。

04. 向西葫芦中磕入两个鸡蛋，分多次加入中筋粉（即普通面粉）和西葫芦水，搅拌成筷子能挑起的细腻面糊。

05. 平底锅小火加热，刷入一层薄薄的食用油，舀适量面糊摊开，覆盖至整个锅面。

06. 趁表面还是湿糊时，撒入少许黑芝麻，煎 1 分钟左右等表面凝固之后，翻面再煎 1 分钟至表面金黄，盛出。

07. 依次刷底油，放入面糊煎成煎饼，直至所有面糊用完，蘸食蒜汁食用即可。

烹饪秘籍

1. 西葫芦一定要选淡绿色鲜嫩的，制作时不去皮，水分足，不用额外添加清水做面糊。

2. 黑芝麻要趁面糊摊开时撒上去，翻面时芝麻才不会从面饼上脱落。

3. 有条件可以选择土鸡蛋，打散以后混入面粉，颜色更加金黄诱人。

4. 蘸汁与糊塌子是绝配，令人胃口大开。不喜欢大蒜，也可以单独涂抹辣椒酱、南乳汁等调味品，搭配进食。

营养贴士

西葫芦水分含量非常高，所以很适合做这道传统美食的主材。它含有较为丰富的膳食纤维，能促进肠胃蠕动，预防便秘。它水分充足，有利于保持水润皮肤；其热量低，可在减肥塑身期间搭配食用。

糙米蛋包饭

超大黄金
蛋饺

烹饪时间　难易程度

 30 min 　

这道料理的起源，相传与法国和日本有着密切的关系。把炒饭像布袋一样装进蛋饼里，好吃又有趣。

 主 料

| 鸡蛋 | 180g（3个） |
| 熟糙米饭 | 200g |

 辅 料

青椒、红椒	各 50g
香菇	50g
鸡胸肉	100g
洋葱	50g

调 料

黑胡椒粒	1 茶匙
番茄酱	3 汤匙
淀粉	1 茶匙
生抽	1 汤匙
盐	1 茶匙
料酒	2 茶匙
食用油	2 汤匙

##

01. 熟糙米饭盛入盆中，用铲子翻松后待用。

02. 鸡胸肉洗净切成丁，用 1g 盐和料酒腌制 10 分钟入味。

03. 青椒、红椒、香菇和洋葱洗净切丁。

04. 鸡蛋打入碗中，加入 1g 盐、淀粉和少许水，打成均匀的蛋液，备用。

05. 炒锅加热，倒入半汤匙食用油，倒入鸡胸肉滑炒，待肉质变紧变白，捞出。

06. 另起一炒锅加热，倒入 1 汤匙食用油，油热后倒入洋葱爆香，变透明后加入青椒、红椒和香菇翻炒。

07. 随后加入糙米饭、生抽、黑胡椒粒和剩余盐，翻炒 2 分钟，再加入鸡胸肉丁，搅拌均匀后出锅。

08. 平底锅加热，放入半汤匙食用油，倒入一半蛋液，摇动蛋饼，使之摊在整个平面内。

09. 待蛋饼整个表面快要凝固时，在蛋饼的一侧倒入一半糙米饭，快速理成饺子馅形状，把另一半蛋皮折上来，边缘压紧定型。

10. 重复步骤 8 和 9，再做一份蛋包饭。小心盛到盘子里，挤上番茄酱即可。

总热量：684 千卡

鸡蛋 180 克	**260 千卡**
熟糙米饭 200 克	**232 千卡**
青、红椒 100 克	**26 千卡**
洋葱 50 克	**20 千卡**
香菇 50 克	**13 千卡**
鸡胸肉 100 克	**133 千卡**

烹饪秘籍

1. 家中有剩余米饭时，很适合做这道"消库存"的美食。

2. 单纯蛋液黏性不够，需要加入一些淀粉使其煎成形。如果翻折的效果不好，可以将炒饭倒扣在盘中，把蛋皮直接盖上去。

营养贴士

鸡蛋是从幼儿到老人都适合吃的大众营养食材，含有丰富的优质蛋白质，维生素 A 与磷、钾、钠等矿物质含量高，能促进神经系统发育和人体生长。鸡蛋中胆固醇含量也较高，建议成年人每人每天的食用量不超过两个。

香菇腐乳意大利面

黑暗料理风

意大利面常搭配由乳酪制成的浓香酱汁。豆腐乳同为发酵工艺制成，偶尔取代乳酪，也可以做出一道迷人的中国风意面。

难易程度

总热量：747 千卡

意大利面 150 克	**540** 千卡
香菇 100 克	**26** 千卡
杏鲍菇 100 克	**35** 千卡
海苔 10 克	**27** 千卡
口蘑 50 克	**22** 千卡
蟹味菇 50 克	**16** 千卡
腐乳 60 克	**81** 千卡

主 料

意大利面	150g
香菇	100g
杏鲍菇	100g

辅 料

海苔	10g
口蘑	50g
蟹味菇	50g
蒜末	10g

调 料

白腐乳（带汁）	60g
橄榄油	2 汤匙
海盐	1/2 茶匙
黑胡椒碎	1/2 茶匙

做 法

01. 烧约 2000ml 清水，加入海盐和几滴橄榄油，水开后，加入意大利面，煮 8 分钟后捞出沥水。

02. 海苔切成丝。香菇、口蘑、杏鲍菇、蟹味菇洗净分别切片。

03. 腐乳块连同汁倒入碗中，搅拌成均匀的糊状。

04. 炒锅烧热，加入剩余橄榄油，油热后放入蒜末爆香，加入菌类翻炒至变软出汁。

05. 倒入刚出锅的意大利面和腐乳汁，撒上黑胡椒碎炒均匀，使每根面条裹上腐乳汁。

06. 关火盛盘，撒上海苔丝，即可食用。

烹饪秘籍

1. 水中加入盐和油，可以帮助意大利面快速煮熟，保持筋道的口感。

2. 注意腐乳汁非常咸，用盐量要适当减少。

3. 清洗菌菇类时，可以在洗菜盆中加入少量淀粉，因为淀粉可以吸附菌类表面褶皱里的灰尘和泥土，有助于快速洗净菌菇。

营养贴士

香菇是世界上第二大食用菌种，富含纤维素和氨基酸，B 族维生素含量也较高，能降血脂，预防心血管疾病，日常食用可以促进食欲，维持营养均衡。

茄汁芦笋鳕鱼烩饭

**汉朝就发明的
"懒饭"**
（注：仅指烩饭出
现的时间为汉朝）

煎的、炸的、炒的、卤的、烤的，火中相会，温汤煮熟，
谓之"烩"。用冰箱中现成的材料做成鲜美的烩饭，
相对简单，也符合国人节俭的习惯。

主 料		调 料			总热量：**448 千卡**	
芦笋	100g	生抽	1 汤匙		芦笋 100 克	**22** 千卡
番茄	200g	盐	1 茶匙		番茄 200 克	**30** 千卡
鳕鱼	150g	黑胡椒碎	1 茶匙		鳕鱼 150 克	**132** 千卡
熟米饭	200g	白砂糖	1 茶匙		熟米饭 200 克	**232** 千卡
		食用油	2 汤匙		蒜 25 克	**32** 千卡
辅 料		淀粉	1/2 茶匙			
蒜	25g					

做 法

01. 芦笋洗净，去根部老皮，切成 3cm 长的小段；番茄洗净，滚刀切块；蒜去皮拍扁，切成小块。

02. 鳕鱼洗净去皮，吸干水，切成小块，用 2g 盐和黑胡椒碎腌制 10 分钟。

03. 炒锅加热，加 1 汤匙食用油，油热后，放入鳕鱼块翻炒 1 分钟出锅。

04. 另起炒锅加热，放入油，油热后放蒜爆香，加入番茄炒出汁，再加芦笋、生抽、剩余盐和糖翻炒。

05. 加入鳕鱼块后，转为中小火，倒入略低于食材的清水，继续煮 10 分钟。

06. 淀粉加 20ml 水搅拌均匀，出锅前淋入芡汁，转大火收汤。

07. 关火，把烩菜汁浇至米饭上，即可食用。

烹饪秘籍

如果家里有干贝，可将其洗净后用水浸泡，泡发的水作为高汤底加入烩饭中，能把食材的鲜甜口感提升到新的高度。干贝泡发的水与米饭充分融合，会更加勾起人的食欲。

营养贴士

番茄红素是一种类胡萝卜素，普遍存在于番茄、杧果、木瓜等植物体内，是非常有效的抗氧化剂，对皮肤抗衰老、心血管系统的保护都有着重要意义。番茄红素溶于油脂，所以用油加热以后，利用率会大大提升。

"饭遭殃"

咖喱牛肉饭

烹饪时间　难易程度

60 min　◉

总热量：**1444** 千卡

牛里脊 **400** 克		**428** 千卡
土豆 **200** 克		**162** 千卡
胡萝卜 **100** 克		**32** 千卡
米饭　　克		**232** 千卡
牛奶 **200** 毫升		**108** 千卡
洋葱 **200** 克		**80** 千卡
咖喱 **100** 克		**341** 千卡
椰浆 **100** 毫升		**61** 千卡

sit our online shop

alk.jiyoujia.com

主 料	调 料
熟米饭 200g	咖喱块 100g
牛里脊 400g	椰浆 100ml
	牛奶 200ml
辅 料	盐 1 茶匙
	食用油 1 汤匙
土豆 200g	
胡萝卜 100g	
洋葱 200g	
姜片 10g	

咖喱起源于香料大国印度。如同辣椒对于四川的意义，咖喱对于印度来说也是人类长久以来抵御气候所带来的人体不良反应的智慧结晶。随着世界贸易的兴起，咖喱逐渐成为全球性香料，人们热爱咖喱，并且不断变换组合，形成独特的咖喱体系。遇到好吃的咖喱，米饭统统要遭殃了——被吃光光。

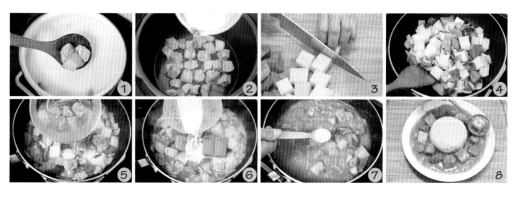

 做 法

01. 牛里脊洗净，切成 3cm 见方小块，放入加了牛奶与清水的锅中，大火烧开后，转中火煮 4~5 分钟。

02. 漏勺撇净血沫，关火，捞出牛肉放入电压力锅中，加入开水和姜片，没过牛肉即可，煮半小时。

03. 炖牛肉的同时，将土豆去皮洗净，切成牛肉等大方块；胡萝卜去皮洗净，滚刀切块；洋葱去皮切小块。

04. 炒锅烧热，放食用油，大火加热后，放洋葱煸炒至透明，加入土豆块和胡萝卜块一同翻炒。

05. 电压力锅放气后，盛出牛肉和牛肉汤，倒入炒锅中。

06. 炒锅中再加入咖喱块和椰浆，使其化开，搅拌均匀，大火烧开后，转中小火炖 15~20 分钟。

07. 加盐调味，开大火收汁。

08. 把咖喱牛肉一同浇到米饭盘中，即可大快朵颐。

烹饪秘籍

1. 牛奶的分解酶可以分解牛肉中的纤维，使之鲜嫩，肉质容易变酥烂，好炖煮。

2. 椰浆增加咖喱的香甜风味，并使汤汁更为浓郁。

营养贴士

牛里脊是牛肉中热量相对较低的部位，蛋白质、维生素和磷、钾、钠、镁等元素含量丰富，还含有人体必需氨基酸，能有效地提高机体免疫力。

以伯爵封号命名

照烧三文鱼雷堡

烹饪时间

难易程度

30 min

总热量：1031 千卡

三文鱼 300 克		417 千卡
法式面包 250 克		598 千卡
生菜 50 克	8 千卡	
洋葱 克	8 千卡	

主料

三文鱼	300g
法式面包	250g

辅料

生菜	50g
洋葱	20g

调料

橄榄油	1 汤匙
照烧汁	1 汤匙
白砂糖	1/2 茶匙
黑胡椒碎	1/2 茶匙
盐	1/2 茶匙

18 世纪，英国都以领地命名伯爵。三明治村的第 4 代伯爵，为了方便玩桥牌而发明了这种食物，于是这种食物便有了三明治这个名字。后来，三明治传至欧洲乃至全球，它的种类和搭配也变得越来越丰富，其中，潜水艇三明治又叫鱼雷堡，通常用意大利面包或者法国面包制作，用前者做成的是意式三明治，用后者做成的是美式三明治。

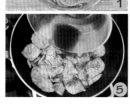

做法

01. 三文鱼洗净，吸干水，加入 1g 盐和黑胡椒碎，四面涂抹均匀。

02. 照烧汁和白砂糖混合均匀后，倒入三文鱼碗中，腌制 20 分钟，腌汁留用。

03. 腌制同时，清洗生菜，洋葱去皮切丝，待用。

04. 取平底锅烧热，锅热后加橄榄油，放入腌制好的三文鱼，中火每面煎 1 分钟。

05. 随后倒入腌汁，每面再煎 30 秒，将腌汁不断往鱼身上浇。

06. 鱼肉出锅后，底油加热，翻炒洋葱至透明，加入 2g 盐，炒匀后盛出。

07. 法式面包中间切开成两块，每块再从一侧切开，保持另一侧不切断。

08. 填入生菜、三文鱼和洋葱，即可食用。

烹饪秘籍

1. 如果没有现成照烧酱汁，可以将生抽 2 汤匙、料酒 1 汤匙、冰糖 1 茶匙，放入加热后的平底锅中，待冰糖化开后混合均匀。淀粉 1 茶匙加 50ml 清水调成勾芡汁，在出锅前加入，待变至黏稠冒泡后盛出，随后使用。

2. 潜水艇三明治包裹性好，易包裹较大块的填充物，易于入口。

营养贴士

烧熟的三文鱼很适合中老年人食用，三文鱼中的 Omega-3 不饱和脂肪酸含量高，DHA 比例相对较高，对人体神经细胞正常运转起到关键作用，不仅保护视力，还可以预防阿尔茨海默病的发生。

轻松的早午餐

西蓝花土豆松子开放三明治

烹饪时间
30 min

难易程度

总热量：**719** 千卡

全麦面包 120 克　　　　　　205 千卡

西蓝花 100 克　　36 千卡

土豆 150 克　　　　122 千卡

松子 30 克　　　　　166 千卡

鸡蛋 60 克　　　　87 千卡

小番茄 50 克　　13 千卡

主料

全麦面包	120g（2片）
西蓝花	100g
土豆	150g
松子	30g

 辅料

鸡蛋	60g（1个）
小番茄	50g

调料

橄榄油	少许
黑胡椒碎	1/2 茶匙
蚝油	1/2 茶匙
盐	1 茶匙

这是丹麦的经典午餐——开放式三明治。一片大的面包打底，可以堆叠自己喜欢的各种蔬菜、肉类、水果和酱料。这款三明治不仅有数百种搭配，还可以做得非常艺术化，令人赏心悦目，不忍下口。

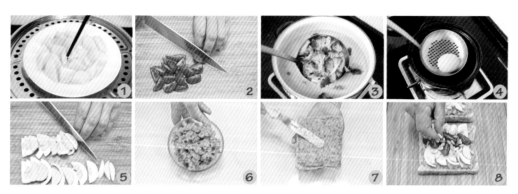

做法

01. 土豆洗净去皮，切滚刀块，放入盘中，入蒸锅，蒸 15 分钟至筷子可以轻松扎透，取出待用。

02. 小番茄洗净，每颗切成 4 瓣。

03. 西蓝花洗净，切小朵，放入开水锅中，加入橄榄油和 1/2 茶匙盐，焯水 2~3 钟后取出沥水。

04. 鸡蛋外壳洗净，和凉水一起放入小锅里，煮 7~8 分钟后取出，晾凉。

05. 鸡蛋剥壳后，竖着对半切开，每半再切成 3mm 薄片。

06. 将土豆和西蓝花放入料理机中，加入剩余盐、黑胡椒碎和蚝油，一起打碎，注意适当保留颗粒，不要打成细泥状。

07. 将土豆西蓝花糊厚厚抹在面包上，不要超出面包的边缘。

08. 均匀铺上鸡蛋片，点缀小番茄，再撒上松子，就可以食用啦。

烹饪秘籍

1. 如何切白煮蛋？鸡蛋冷却后去壳，将刀两侧涂抹清水，切时不容易粘连。或者有时间的情况下，将鸡蛋放入冷冻室冷冻 5 分钟后，剥壳，正常切，会收获非常漂亮的白煮蛋横切面。

2. 西蓝花、土豆保留颗粒，是为了口感有嚼劲，且不易从面包上流淌下来。

营养贴士

松子富含大量矿物质，如钙、磷、铁等，还富含维生素 E，不仅可以抗疲劳、健脑益智，还可以抗氧化，防止衰老。

轻风吹向荔浦

鲜虾芋头饼

烹饪时间 **45** min

难易程度

总热量：**549** 千卡

河虾 300 克	**261** 千卡
芋头 300 克	**270** 千卡
香葱 30 克	**8** 千卡
胡萝卜 30 克	**10** 千卡

主　料　　 调　料

主料		调料	
小河虾（鲜）	300g	盐	1 茶匙
荔浦芋头	300g	橄榄油	1 汤匙

  辅　料

辅料	
香葱末	30g
胡萝卜	30g

金黄色的饼，鲜透透的虾，饿的时候做正餐，馋嘴的时候当个小零食。芋头代替面粉，既好吃，又降低热量，芋头以桂林荔浦芋头为佳。

做　法

01. 荔浦芋头洗净，带皮放入蒸锅，隔水蒸 30~35 分钟，筷子可以轻松扎透即熟，取出放凉，剥皮切块。

02. 小河虾清洗干净，长须剪短。胡萝卜去皮洗净，切成末。

03. 芋头块放入破壁机，加入约 80ml 水，打成糊状，倒入大碗中。

04. 芋泥中加入河虾、香葱末、胡萝卜末和盐搅拌，适当加清水，直到筷子挑起面糊时缓慢落下即可。

05. 取平底锅加热，锅热后转中小火，刷入薄薄的橄榄油。

06. 舀约 30g 面糊倒入锅中，用勺背整理一下边缘形状。

07. 煎 1 分钟后定型翻面，两面金黄即可出锅。

烹饪秘籍

1. 清洗芋头的时候，加入一点白醋和盐，再浸泡几分钟后冲洗，有利于将外皮清洗得更干净。

2. 如果买到的芋头不够黏，可以适当加入一些中筋粉来制作面糊。

营养贴士

芋头内含氟较高，有助于牙齿健康，预防龋齿。芋头钙质含量也较为丰富，与其他微量元素一起作用于人体，可提高机体抗病能力，促进消化和吸收，预防骨质疏松。

植物与烟火气

花纹茶叶蛋

烹饪时间　难易程度

20 min

总热量：**534** 千卡

鸡蛋 360 克   **519** 千卡

大葱 20 克   **6** 千卡

姜 20 克   **9** 千卡

主　料

鸡蛋	360g（6个）
薄荷叶	4 片
香菜叶	2 片

 辅　料

明前龙井	5g
棉纱布	6 片
大葱段	20g
姜片	20g

  调　料

老抽	1 汤匙
盐	3 茶匙
生抽	2 汤匙
蚝油	1 茶匙
白糖	1 茶匙
香叶	1 片
八角	2 颗
桂皮	10g

茶叶蛋是早餐店里非常常见的早点。早餐店里，鸡蛋在慢火上被咕嘟地煨着，食客拿走茶叶蛋，敲开壳子，将蛋白蛋黄轻轻咬下，送入口中。茶叶蛋上留下的植物印迹，让人不禁多欣赏一下，原来一颗小小的蛋也可以这么美，况且这里还有煮饭人浓浓的心意。

  做　法

01. 龙井茶放入大碗中，倒入 90℃的热水 1L，浸泡 10 分钟，将茶叶滤出，留茶汤。

02. 鸡蛋外壳清洗干净，放入开水中煮 6 分钟至熟，捞出，放入凉水中浸泡。

03. 将薄荷叶、香菜叶、香叶和桂皮冲洗一下；棉纱布清洗干净，拧干水。

04. 把茶汤倒入煮锅中，加入剩余的调料和葱、姜，搅拌均匀，大火烧开，闻到调料的香味后关火。

05. 鸡蛋剥壳，将薄荷叶、香菜叶随自己心意，贴在蛋白上。

06. 鸡蛋用棉纱布裹紧，两头用棉线扎牢，放入汤汁里浸泡一夜。

07. 次日取出茶叶蛋，打开纱布，拿掉叶子，漂亮的形状就留在鸡蛋上了，早餐马上享用起来。

🎥 烹饪秘籍

1. 请选用可食用的有造型的植物叶子，在保证食品安全的前提下制作茶叶蛋。

2. 棉纱布两头扎紧，可以防止叶子在鸡蛋上松动而导致造型失败。

😊 营养贴士

蛋白中主要是水分和一部分蛋白质成分；蛋黄中除了蛋白质，还有脂肪、维生素和矿物质等营养成分。由于蛋黄中的维生素在煎炸过程中容易被破坏，因此白煮蛋、水煮荷包蛋都是有效避免营养流失的烹饪方式。

大米布丁

治愈系的
能量甜点

烹饪时间 难易程度

甜品在人比较忧郁的时候，会给人带来一丝愉悦。吃下去，继续努力，整个人就像布丁一样，充满弹性！

米饭 100 克		**116** 千卡
牛奶 300 毫升		**162** 千卡

 主 料

冷米饭（熟）100g
牛奶 300ml

 辅 料

香草荚 1 个

 调 料

盐 1/2 茶匙
白砂糖 4 茶匙

 做 法

01. 冷米饭放入煮锅，加入没过米饭的纯净水，大火煮开转小火煮 10 分钟，不断搅拌，直至水分蒸发至水略高于米饭。

02. 把香草籽从香草荚中剥离出来一起放入锅中，加入盐，中小火煮 10~15 分钟。

03. 待大米呈现开花的糊状，关火，丢掉香草荚皮，同牛奶一起倒入破壁机，打成黏稠的糊状。

04. 牛奶米糊倒入布丁杯（4 杯），冷藏 12 小时。

05. 取出冷藏好的成品，杯口均匀撒一层薄薄的白砂糖。

06. 用喷枪在距离 5cm 的位置喷烧，大火 2~3 秒，出现均匀的焦点即可离火。

烹饪秘籍

1. 若直接用牛奶煮，请调整牛奶用量至 500ml。若无香草荚，可用香草精代替。

2. 如果想做好成品后直接吃，或者冷藏后不做焦糖效果，请把白砂糖直接加在牛奶中一起煮。

营养贴士

大米是制作米饭的原材料，也是日常生活不可或缺的谷物主食。它主要提供碳水化合物，也含有较为丰富的 B 族维生素，可以促进新陈代谢，保护肝功能。

鸡蛋蒸肠粉

早茶一霸

烹饪时间
30 min

难易程度

总热量: 1236 千卡

胚芽米 300 克		1053 千卡
鸡蛋 120 克		173 千卡
香葱 克	5 千卡	
生菜 30 克	5 千卡	

坐进正宗的广东早茶馆里，泡上好茶，一份地道的肠粉是一定要点的，秘制酱汁浇在肠粉上，鲜咸滑爽。

 主 料

胚芽米	300g
鸡蛋	120g（2个）

 辅 料

生菜	30g
香葱末	20g

 调 料

白砂糖	2 茶匙
橄榄油	1 汤匙
蚝油	1 茶匙
生抽	1 汤匙
醋	2 茶匙
盐	1 茶匙

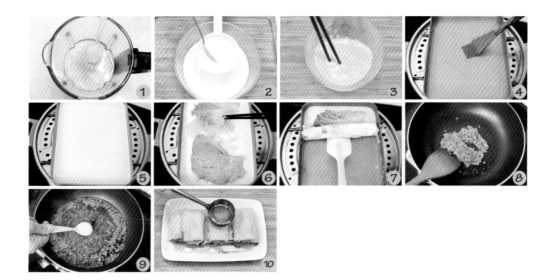

做 法

01. 胚芽米洗净，浸泡10分钟，沥水捞出放入破壁机，加入约600ml纯净水和1茶匙白砂糖，打成米浆。

02. 打好的米浆用漏勺过滤一下，只留细滑的米浆。

03. 鸡蛋打入碗中，搅打成均匀的鸡蛋液；生菜洗净。

04. 蒸锅烧水，水开后，放入长方形浅口盘（约9cm×24cm），用刷子刷一层薄油。

05. 盛入约100ml米浆，提起，一边摇晃几下，使之均匀分布在盘中，放回到蒸屉上。

06. 在米浆中心部分，倒入约20ml鸡蛋液，推散。两侧放上两片生菜叶。

07. 1~2分钟后米浆凝固变白，用刮刀从一侧把肠粉皮推起，不断卷起，然后盛出，依次再蒸后面的肠粉。

08. 平底锅烧热，放入橄榄油，油热后放入葱末煸炒。

09. 加入约300ml清水，水开后依次放入生抽、醋、蚝油、盐和剩余白砂糖，再次烧开。

10. 捞出葱末不要，只留酱汁，把1~2汤匙酱汁浇在肠粉上，即可食用。

烹饪秘籍

1. 如果没有胚芽米，还可以用普通大米或者蒸熟的大米代替来做米浆。

2. 如果没有肠粉专用蒸盘，可以使用尺寸适合的浅口烤盘，或者使用蒸箱，效果更好。

营养贴士

胚芽米的胚芽和糊粉层营养丰富，有很多活性成分，在空气中暴露过久，容易质变。懂得食用胚芽米的人群还是相对小众的，因此胚芽米的供应规模较小，一般现碾现卖。购买胚芽米后，需要尽快将其存放到低温环境中，并且尽快食用。

紫薯草莓蛋

烹饪时间　难易程度

 30 min　

很多人喜欢吃草莓大福，它是日本和果子中非常受欢迎的一款。不过，有心减肥，觉得糯米热量高的也大有人在。那么，简装版本了解一下吧！

主　料

紫薯	250g
草莓	120g（6 颗）

辅　料

牛奶	50ml
薄荷叶	3 片

总热量：**330 千卡**

紫薯 250 克		**265 千卡**
草莓 120 克	**38 千卡**	
牛奶 50 毫升	**27 千卡**	

做　法

01. 紫薯洗净，凉水上蒸锅，蒸 15~20 分钟至熟，关火。

02. 蒸好的紫薯去皮切块后，放入破壁机，加入牛奶，打成薯蓉，盛入盆中。

03. 草莓洗净，根部平着切掉；薄荷叶清洗干净。

04. 将紫薯泥在盆中和成圆形面团状，取出，放在操作台上，平均分成 6 份，搓成圆球。

05. 用擀面杖把紫薯球擀成直径 10cm 的圆片。

06. 1 个圆片包裹 1 个草莓，将圆片的接口位置处理平整，使外观仍是草莓造型。

07. 依次做好所有草莓蛋，对半切开，点缀薄荷叶，即可食用。

烹饪秘籍

1. 紫薯蒸好后如过于干燥，可以适当加一些牛奶做成泥；如果本身水分较多，可以补充一些淀粉进行中和，成形后再上锅蒸一下。

2. 用椰蓉点缀，外观会更加漂亮，但椰蓉的热量相对较高，这里没有采用。

营养贴士

紫薯富含蛋白质及多种维生素，且花青素、硒和铁含量也都较高，能帮助人体补血、抗疲劳、抗衰老，还能提高免疫力。

没有肉时的安慰剂

红烧素鸡

烹饪时间
30 min

难易程度

总热量：**529 千卡**

素鸡 **250** 克	**485 千卡**
冰糖 **10** 克	**40 千卡**
香葱末 **15** 克	**4 千卡**

以素代荤，其乐融融，素食者也可以大快朵颐了。素鸡是来自苏州的豆腐制品，江南特有的细腻滋味都在这一碗素鸡中了。

主　料

素鸡	250g

辅　料

香葱末	15g

调　料

食用油	4 汤匙	冰糖	10g
八角	1 个	生抽	2 汤匙
香叶	1 片	盐	1/2 茶匙
肉桂条	10g	老抽	2 茶匙
花椒	1 茶匙		

做　法

01. 素鸡清洗后用厨房纸巾擦干，切成 3cm 厚的圆片。

02. 锅中倒入约 300ml 水，烧至水沸腾后关火。

03. 炒锅烧热后，放入食用油，油热后，放入素鸡炸至两面金黄。

04. 出锅的素鸡片直接放入开水锅中浸泡约 5 分钟。

05. 炒锅只留底油，重新烧热，放入八角、花椒、香叶和肉桂条煸炒。

06. 出香味后，倒入素鸡和一半浸泡的开水，放入生抽、老抽和冰糖，大火烧开后转中小火，炖 10~15 分钟。

07. 收汁差不多时放盐，搅拌均匀，出锅盛盘。撒上香葱末，即可食用。

烹饪秘籍

1. 打算用油煎炸的食材，在清洗过后，一定要用厨房纸巾擦去其表面的水，避免水遇热油时，使热油飞溅到皮肤上，导致烫伤。

2. 油煎后迅速放入水中软化，边缘不会很硬，内部还是很嫩，口感很有韧性。

营养贴士

素鸡是大豆制品，蛋白质含量丰富，含有 8 种人体必需氨基酸，且易被吸收。蛋白质是构建肌肉的重要组成成分，运动后食用可以达到增肌的效果。素鸡中含有磷和钙等矿物质，可以预防人体骨质疏松。

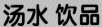

满满的烟火气

味噌汤

烹饪时间	难易程度
30 min	◯

总热量：395 千卡

干裙带菜 30 克	66 千卡
内酯豆腐 200 克	100 千卡
鲜虾 120 克	95 千卡
金针菇 50 克	16 千卡
昆布 40 克	7 千卡
木鱼花 20 克	60 千卡
白味噌酱 30 克	51 千卡

主 料

干裙带菜	30g
内酯豆腐	200g
鲜虾	120g（6只）
金针菇	50g

 辅 料

昆布	40g
木鱼花	20g
香葱末	10g

调 料

白味噌酱	30g

日本淡口酱油 1 汤匙

松浦弥太郎（日本著名作家）回忆自己年幼时，就爱米饭配味噌汤。别人道这样吃太简单、没营养，母亲却鼓励自己多喝味噌汤。原来母亲在汤里加了非常多的料，美味且营养。那是浓浓的爱和家的烟火气。

做 法

01. 昆布放入煮锅，倒入 1L 清水，浸泡 6 小时，再用中火熬煮 20 分钟。

02. 放入木鱼花浸泡 30 秒，用漏勺捞出木鱼花，即可得到一锅昆布高汤。

03. 干裙带菜清洗后，在碗中加入清水，泡发至柔软舒展。

04. 内酯豆腐切 3cm 方块；虾去壳，剔除虾线，清洗干净；金针菇洗净，切除根部，分成小朵。

05. 煮锅中倒入高汤，大火烧开后，放入裙带菜和内酯豆腐，煮约 2 分钟。

06. 舀出适量高汤到白味噌酱碗中，用筷子快速搅拌，使酱化开至没有明显颗粒，倒回锅中，搅拌均匀。

07. 出锅前放入鲜虾和金针菇烫煮约 1 分钟。淋入淡口酱油，搅拌均匀出锅。

08. 食材依次盛入碗中，加汤，撒上香葱末，即可食用。

烹饪秘籍

1. 昆布上的白霜要保留，这是把汤煮得鲜美甘甜的来源。昆布浸泡后，不要久煮，否则会使汤口感黏滑。

2. 喜欢汤头颜色重的，可以选择赤味噌。由于酱比较咸，因此菜谱中没有放盐，可根据口味自行调整酱、盐、酱油的比例。

营养贴士

裙带菜的营养价值可以说很丰富了，其中钙和锌元素有助于强健骨骼和牙齿，缓解失眠。裙带菜含有维生素、多种氨基酸和膳食纤维等，它们都是人体不可或缺的有益成分。

江南鲜味

冬笋鱼圆汤

烹饪时间 50 min

难易程度

总热量：341 千卡

冬笋 400 克　　　　　　　168 千卡

鱼圆 150 克　　　　68 千卡

金华火腿 30 克　　　　96 千卡

姜 20 克　　9 千卡

料

主 料

| 冬笋 | 400g |
| 鱼圆（成品） | 150g |

辅 料

金华火腿	30g
香葱	10g
姜片	20g

调 料

| 盐 | 1/2 茶匙 |
| 香油 | 1/2 茶匙 |

冬笋金衣白玉，鱼圆滑嫩洁白，煮一锅清汤，清鲜无比，整个冬天都被温暖包裹。

  法

做 法

01. 冬笋去壳去根，洗净，切滚刀块。

02. 金华火腿切成 5mm 片。

03. 香葱洗净，4 根扎成捆，1 根切小圈。

04. 鱼圆冲洗后，泡入凉水中，俗称养鱼圆。

05. 煮一锅水，大火烧开后，加入盐，放入冬笋块，煮 5 分钟，关火捞出，入凉水浸泡 15 分钟。

06. 煮锅换上新的凉水，放入冬笋块、金华火腿片、香葱捆和姜片，大火烧开后，中火慢炖 20 分钟。

07. 凉水中捞出鱼圆，入锅同煮 10 分钟，最后 1 分钟改为大火煮沸，关火。

08. 撒入香葱圈，倒入香油，盛入碗中即可。

烹饪秘籍

1. 金华火腿要选肥瘦相间的部位，可为吊汤时提供一些油脂，使得汤头更润。火腿本身是咸的，如果觉得咸味不够，可以适当增加一些盐。

2. 冬笋要选外皮包裹紧实、根部可以用指甲轻松掐出印记的，这种状态说明冬笋较为新鲜。焯水时加盐，是为了去除冬笋中的草酸。

3. 鱼圆一般由大青鱼或草鱼制作而成，过程较为复杂。时间紧张时，建议购买成品入菜。

营养贴士

冬笋中蛋白质、磷、钙和膳食纤维等营养素含量丰富。蛋白质有助于增强免疫力，调节人体代谢，促进生长发育。磷与钙是组成人体骨骼和牙齿的主要成分。膳食纤维可促进排便，避免便秘。

裙带菜魔芋汤

低卡
不能错过

烹饪时间
20 min

难易程度

一碗热汤对于人们来说是很好的慰藉，温润的汤暖胃，且含有较少的卡路里，不至于让自己在减肥的过程中太过辛苦。懂得吃，更"享瘦"。

总热量：128 千卡

裙带菜 30 克 　　　　**66 千卡**
魔芋丝 150 克 　　**18 千卡**
菠菜 50 克 　　**14 千卡**
虾米 15 克 　　**30 千卡**

主 料

干裙带菜	30g
魔芋丝	150g

辅 料

菠菜	50g
香葱圈	10g
虾米	15g

调 料

盐	1 茶匙
橄榄油	1/2 茶匙
日本淡口酱油	1 汤匙

做 法

01. 干裙带菜清洗后，浸泡在凉水中，待体积膨胀变柔软，便泡发完成；菠菜清洗去根。

02. 煮一锅水，水开后，放入魔芋丝焯烫 1 分钟，捞出。

03. 放入菠菜，焯 1 分钟至颜色变深，捞出，放入凉水中。

04. 换一锅清水，大火烧开后，加入裙带菜、橄榄油和淡口酱油，煮 1~2 分钟。

05. 加入菠菜、魔芋丝和虾米，沸腾后关火。

06. 放入剩余盐和香葱圈调味，盛出即可。

烹饪秘籍

可以使用昆布或者瑶柱高汤代替清水，汤会更加鲜美。可以提前多煮一些高汤，放入冰箱冷藏，2~3 天内使用完毕即可。

营养贴士

魔芋学名蒟蒻，可食用的是根茎部分，但其有毒，不宜直接食用。魔芋的主要成分是葡甘露聚糖，在人体内可以阻碍肠道吸收胆固醇，帮助降低血脂，使血糖维持在健康范围内。魔芋的水分大，热量低，膳食纤维丰富，有助于胃肠消化，防止脂肪堆积，它非常适合在减肥期间食用。

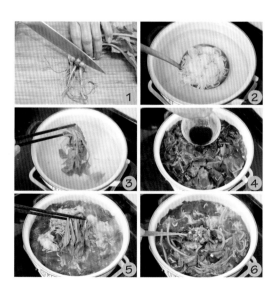

银耳莲子枸杞羹

皇家
养颜方

清朝最会养颜护肤的人想必非慈禧太后莫属了。据说，每日一碗银耳莲子羹，是她驻颜有方的一大秘诀。

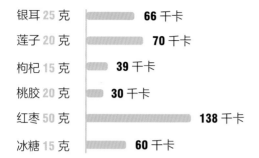

总热量: 403 千卡

食材		热量
银耳 25 克		**66 千卡**
莲子 20 克		**70 千卡**
枸杞 15 克		**39 千卡**
桃胶 20 克		**30 千卡**
红枣 50 克		**138 千卡**
冰糖 15 克		**60 千卡**

  主 料

干银耳	25g
莲子	20g
枸杞	15g

辅 料

桃胶	20g
红枣	50g（4 颗）

调 料

冰糖	15g

  做 法

01. 干银耳放入盛有约 500ml 清水的碗中，桃胶放入盛有约 350ml 清水的碗中，泡发一夜。

02. 银耳和桃胶捞出清洗，去除硬根和杂质。

03. 银耳放入料理机中加约 50ml 清水打成小块，取出待用。

04. 莲子、红枣和枸杞洗干净；莲子取出莲心不用。

05. 银耳放入电饭锅内胆，加入桃胶和莲子，注入约 1500ml 清水，煮粥模式炖 90 分钟。

06. 打开盖子，加入枸杞、红枣和冰糖，再炖 30 分钟即可。

烹饪秘籍

1. 银耳泡发后剁碎，或者用料理机处理成小碎块再煮，可以熬煮得很黏滑。

2. 桃胶非常适合用在甜品炖煮中，它能够使甜品有果冻般爽滑的口感。

3. 择除的莲子心，可以单独拿来泡茶喝。

营养贴士

银耳煮出的具有黏糯质地的成分是银耳多糖，而不是胶原蛋白。银耳多糖可以促进细胞生长、抵抗皮肤衰退和老化。银耳热量低、水分足，适合在减肥塑身期间食用。莲子富含酚类和糖蛋白，能清除体内自由基，有助于抗氧化和抗衰老。莲子与银耳同食，能增强养颜滋补的效果。

番茄鸡蛋疙瘩汤

生病时的
开胃法宝

烹饪时间

20
min

难易程度

总热量: **241** 千卡

番茄 **100** 克   **15** 千卡

鸡蛋 **60** 克   **87** 千卡

中筋粉 **40** 克   **139** 千卡

主 料		调 料	
番茄	100g	生抽	1 汤匙
鸡蛋	60g（1个）	盐	1 茶匙
中筋粉	40g	香油	1/2 茶匙
		食用油	1 汤匙

辅 料			
大葱葱白	10g	香葱末	10g

在油脂的作用下，番茄会散发出诱人的微酸香气。即便是生病中的人，也会顿时有了胃口，能吃饭，便有了抵抗疾病的能量。感怀用爱喂养我们成长的长辈们。

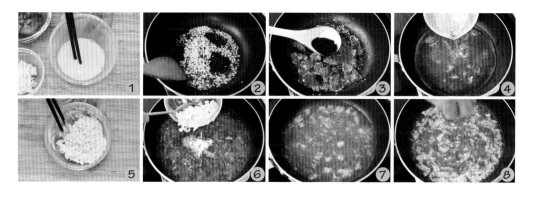

做 法

01. 番茄洗净，切滚刀块；葱白去皮，切末；鸡蛋磕入小碗中，打散待用。

02. 炒锅加热，放入食用油，油热后，放入葱白末爆炒。

03. 加入番茄，炒至出汁，加入生抽，继续煸炒半分钟。

04. 注入适量清水，大火煮开。

05. 烧水过程中，将中筋粉放入小碗中，沿碗边淋入约10ml清水，用筷子迅速搅拌出面疙瘩。

06. 将已经形成的小面疙瘩倒入锅中。

07. 面疙瘩在锅中煮约2~3分钟会浮起，即变熟。

08. 淋入鸡蛋液，迅速变成蛋花，加入盐和香油，撒上香葱末，关火出锅即可。

烹饪秘籍

1. 番茄的皮比较厚，如果只想吃果肉，可以在顶部划一个十字，头朝下在开水中浸泡1分钟，就很好剥皮了。

2. 做面疙瘩的时候，切忌一下子加很多水，因为那样容易变成一个黏稠的大面团，而不是细小的面疙瘩，不容易煮熟。

营养贴士

中筋粉中丰富的蛋白质是人体不可或缺的营养物质，其中镁、硒、钾和钙等多种元素共同作用，能起到保护视力、护肝、修复细胞活力、抗氧化、助力成长和发育的作用。

姜黄胡萝卜骨头汤

厨房王后
驾到

烹饪时间　难易程度

120 min

姜黄在人类餐饮历史中已存在数千年，印度咖喱中多见它的身影。有着郁金香一样美丽色泽的姜黄，其食用和药用价值都很高，出现在厨房里，宛如调料王国的王后驾临。

胡萝卜 200 克	**64 千卡**
肋排 350 克	**973 千卡**
玉米 100 克	**112 千卡**
姜 20 克	**9 千卡**
蒜 30 克	**39 千卡**

主 料

| 胡萝卜 | 200g |
| 肋排 | 350g |

辅 料

玉米	100g
姜片	20g
香葱末	10g
蒜瓣	30g

调 料

盐	1 茶匙
姜黄粉	2 茶匙
料酒	1 汤匙
黑胡椒粉	1/2 茶匙

做 法

01. 肋排洗净，切成小条；胡萝卜洗净去皮，切滚刀块；玉米去皮去须，洗净后切成2cm厚的小段。

02. 煮锅放入清水，烧开后加入料酒和姜片。

03. 放入肋排，汆烫 3 分钟，撇去浮沫，捞出后，冲洗干净。

04. 铸铁锅内放入 1L 清水，放入蒜、肋排和姜黄粉，大火烧开后转小火煮 60 分钟，开盖撇去浮沫。

05. 加入胡萝卜块和玉米段，再煮半小时。

06. 出锅前撒入盐、黑胡椒粉和香葱末调味即可。

烹饪秘籍

1. 汆烫肉类时，可以加入料酒和葱姜去除腥味，且不影响烧制时的口感。

2. 如果使用其他锅具，可以适当延长半小时的炖煮时间。

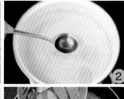
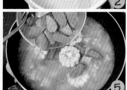

营养贴士

猪肋排中的蛋白质和脂肪是人体能量的来源；其磷酸钙和骨胶原可以促进未成年人和老年人的骨骼健康。姜黄有很强的抗氧化作用，能清除血液和皮肤中的自由基，使皮肤保持健康状态。

野米藜麦南瓜羹

谷物中的
鱼子酱

烹饪时间　难易程度

50 min

野米称作米，但并不属于稻米家族，而是一种天然生长的水草种子。它是一种高营养的珍稀食材，有着"谷物中的鱼子酱"之美誉。

总热量：409 千卡

野米 30 克 — **107 千卡**
藜麦 50 克 — **184 千卡**
贝贝南瓜 400 克 — **92 千卡**
枸杞 10 克 — **26 千卡**

主 料

野米	30g	贝贝南瓜	400g
藜麦	50g		

辅 料

枸杞　　10g

做 法

01. 野米洗净后，放入锅中，加约 300ml 清水，大火烧开后转小火，煮 40 分钟。

02. 贝贝南瓜洗净去瓤切块，上蒸锅，中火蒸 15~20 分钟，筷子扎透即可。

03. 藜麦清洗后，凉水浸泡 20 分钟。

04. 野米煮至时间过半，加入藜麦同煮。20 分钟后，一同捞出放入破壁机杯中。

05. 同时加入蒸好的南瓜、枸杞，倒入约 300ml 纯净水，高速打 2 分钟，至细腻无颗粒即可盛入杯中饮用。

烹饪秘籍

1. 野米和藜麦需要蒸煮的时间不同，煮野米比大米需要更多的水。

2. 贝贝南瓜皮很嫩，如果不喜欢带皮打汁，可以蒸熟后去皮制作南瓜羹。

营养贴士

野米中蛋白质、微量元素、膳食纤维的含量均高于大米；野米不含胆固醇和麸质，食用后升糖指数低于普通谷物。它膳食纤维含量高，能增加饱腹感，膳食纤维与部分脂肪酸结合，能降低脂肪的吸收和消化，并在体内直接促进肠道蠕动，润肠通便。膳食纤维还能促进益生菌生长，使得肠道环境菌群平衡，提高人体免疫力。

海参小米粥

养胃臻选　　烹饪时间　难易程度

30 min

小米粥平实质朴，加入海参则使小米粥的营养和口味都提升了一个档次。因为容易料理，所以很适合常常出现在家庭的餐桌上。

烹饪秘籍

1. 即食海参易于购买，能节省大量的泡发时间。
2. 更喜欢小米鲜甜味道的，可以不用加高汤提鲜。

营养贴士

海参中蛋白质含量高，可以提高人体抵抗力，预防感冒等传染性疾病。海参中的钙和精氨酸可以有效抗疲劳、改善睡眠、提高记忆力。海参的胆固醇含量很低，不但不会带来心血管负担，反而有助于调节血脂。海参与小米粥一同食用，对养护胃肠、促进消化吸收非常有益。

总热量：**331** 千卡

小米 70 克　　　　　　253 千卡
海参 100 克　　　78 千卡

主 料

| 小米 | 70g |
| 即食海参 | 100g |

辅 料

昆布高汤	3汤匙
香葱末	1根
姜末	10g

调 料

| 盐 | 1/2 茶匙 |
| 香油 | 1/2 茶匙 |

做 法

01. 即食海参清洗干净，切成小丁。

02. 小米洗净，倒入电饭锅中，加入约1300ml水，煮20分钟。

03. 将姜末和海参放入电饭煲中，搅拌均匀后，再煮5分钟。

04. 出锅前倒入昆布高汤，加入盐搅拌均匀，关火，加入香油和香葱末调味即可。

离·真味道

第三章

邂逅异域风情或者追寻食物本味是饕客永恒追求的主题。

尼斯沙拉

配菜丰富
能当饭

烹饪时间 难易程度
30 min

总热量：**364 千卡**

土豆 150 克 —————— **122 千卡**
豇豆 100 克 — **33 千卡**
番茄 100 克 — **15 千卡**
鸡蛋 60 克 ———— **87 千卡**
金枪鱼 90 克 ———— **90 千卡**
黑橄榄 10 克 — **17 千卡**

主 料

土豆	150g
豇豆	100g
番茄	100g
鸡蛋	60g（1 个）
水浸金枪鱼罐头 90g	

调 料

橄榄油	2 汤匙
盐	1/2 茶匙
果醋	1 汤匙
黑胡椒碎	1/2 茶匙

尼斯位于法国东南部，具有典型的地中海气候，温暖宜人。将当地盛产的食物组合为一道风味浓郁的尼斯沙拉，对于减肥的小伙伴来说，也可以作为一餐来食用。

辅 料

莴苣嫩叶	10g	切片黑橄榄	10g
洋葱	10g	欧芹叶	5g

做 法

01. 鸡蛋外壳清洗干净，和凉水一起入锅，水开后再煮 6 分钟，取出过凉。

02. 煮蛋同时，清洗土豆和豇豆，土豆切块，豇豆切段。

03. 分别将土豆块、豇豆段用沸水焯水断生。

04. 将番茄去皮去瓤，切块；莴苣嫩叶清洗沥水，撕成小块。

05. 打开金枪鱼罐头，将鱼肉倒入碗中捣碎。

06. 把鸡蛋剥壳切成 4 瓣；洋葱、欧芹叶切成末，备用。

07. 将所有调料混合制成油醋汁，倒入盛有以上蔬菜、鸡蛋、金枪鱼和黑橄榄的沙拉碗中。

08. 搅拌均匀后，再加入洋葱末和欧芹末，即可食用。

烹饪秘籍

1. 喜欢重口味的，推荐用第戎芥末酱 1 汤匙，果醋 1 汤匙，橄榄油 2 汤匙，蒜末、洋葱末、欧芹末各 5g 和黑胡椒碎 1/2 茶匙，搅拌均匀，制成酱汁，再与蔬菜、鸡蛋和金枪鱼等混合。

2. 加金枪鱼是为了增加海鲜风味，如果不喜欢，可以不添加，仅将其作为半素食沙拉来食用。

营养贴士

这道沙拉所选用的食材都具备低热量的特点。白煮蛋较大程度地保留了鸡蛋的营养，可补充蛋白质。土豆有助于补充碳水化合物。豇豆中钾含量较高，有助于加速新陈代谢。金枪鱼富含蛋白质，经常食用能预防身体机能老化。

生火腿卷香瓜

帕尔马的
正确打开方式

烹饪时间　难易程度

10 min

好看又美味的搭配组合，特别适合用来宴请亲朋好友，或者在举办沙龙聚会时作摆盘。火腿咸香、柔韧，香瓜甜美，再配一杯干红或者波特酒，更是无比享受！

总热量：**254** 千卡

香瓜 **400** 克	**104** 千卡
帕尔马火腿 **60** 克	**150** 千卡

主料

香瓜 400g

帕尔马火腿薄片 60g

辅料

冰块 300g

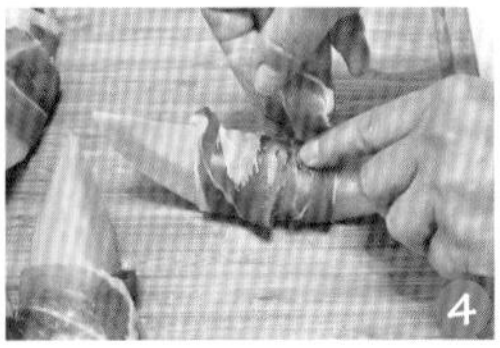

做法

01. 香瓜洗净，用勺子挖出子。
02. 香瓜纵向切成条状，用刀沿着瓜皮内侧轻轻滑过，去皮。
03. 将冰块放入破壁机内打碎，倒出，平铺在盘子里。
04. 用一片火腿在香瓜的中段缠绕卷起，依次卷好各个香瓜条。
05. 冰块铺盘垫底，将卷好的火腿香瓜摆在冰上即可。

烹饪秘籍

1. 冰块的使用使食物本身的味道更加稳定，吃起来也更加层次分明。

2. 喜欢细腻口感的话，可以将香瓜换成无花果，无花果的甜味更淡，可以更好地突出火腿的香气。

营养贴士

香瓜，也称哈密瓜，其热量低、水分足，芳香物质、维生素 C 和糖分含量高，可促进内分泌，完善造血功能。长时间发酵后的火腿，肉中的蛋白质被激发，可以分解出十多种氨基酸，此时营养成分更容易被吸收。

鸡胸藜麦沙拉

烹饪时间
（不含冷藏时间） 难易程度

40 min

总热量：424 千卡

鸡胸 100 克		**133** 千卡
藜麦 50 克		**184** 千卡
鸡蛋 60 克		**87** 千卡
南瓜 50 克		**12** 千卡
苦苣 15 克		**8** 千卡

主 料

鸡胸	100g
藜麦	50g
鸡蛋	60g（1个）
南瓜	50g

调 料

橄榄油	2 汤匙
海盐	1 茶匙
果醋	1 汤匙
黑胡椒碎	1/2 茶匙
蜂蜜	1/2 茶匙

辅 料

紫叶生菜	15g	蒜末	2g
苦苣	15g		

作为风靡一时的健身食谱和沙拉轻食店中点单率最高的沙拉之一，鸡胸藜麦沙拉在家中也可以轻松复制。

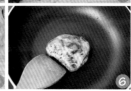

做 法

01. 鸡胸肉洗净后用牙签扎小孔，均匀涂抹 1/2 茶匙海盐、1g 黑胡椒碎和蜂蜜，加入蒜末后，入冰箱冷藏一晚。

02. 将藜麦、南瓜、鸡蛋、生菜和苦苣分别清洗，沥干水；南瓜去子，带皮切块，放入盘中。

03. 藜麦下锅煮约 15 分钟至变透明，捞出沥干。

04. 煮藜麦的同时，将南瓜和鸡蛋一同放入蒸锅中蒸 15 分钟至熟。

05. 鸡蛋过凉水剥壳后，对半切成 4 块。

06. 平底锅放小火上，不放油，将鸡胸慢慢煎至两面金黄，取出斜切 2cm 厚块备用。

07. 将苦苣和紫叶生菜平铺到盘内，依次从边缘往中心放入藜麦、南瓜块、鸡蛋和鸡胸块。

08. 剩余的海盐、黑胡椒碎与其他调料混合调成油醋汁，将其浇到沙拉盘内，拌匀后，即可食用。

烹饪秘籍

1. 在腌制时使用蜂蜜，可使煎好的鸡胸肉呈诱人的淡琥珀色泽，并且有微甜的口感。

2. 藜麦可选择南美洲生产的三色藜麦，煮好的颗粒感更饱满，味道更香。

营养贴士

鸡胸肉热量和脂肪含量均较低，蛋白质含量高，是减肥和增肌的不二选择。藜麦是"网红"粗粮，富含膳食纤维，同时蛋白质和微量元素含量较高，B 族维生素和维生素 E 同样丰富，对于塑造身形和维持体质健康都很有益处。

芥末章鱼鸡蛋沙拉

烹饪时间　难易程度

一直"吃草"确实很艰难，那么偶尔来点辛辣犒赏一下味蕾吧！一点小海鲜，一点芥末，日式风味跃然舌尖。姜醋浸泡过的章鱼粒，混合沾满芥末酱汁的沙拉菜和鸡蛋，一口下去超满足。

  主　料

章鱼	200g
鸡蛋	120g（2个）

  辅　料

苦苣	30g
芝麻叶	20g
嫩姜	20g

 调　料

橄榄油	1汤匙
盐	1茶匙
果醋	2汤匙
黑胡椒碎	1/2茶匙
芥末酱	2茶匙
白糖	1茶匙

总热量: 473 千卡

食材	热量
章鱼 200 克	270 千卡
鸡蛋 120 克	173 千卡
芥末酱 10 克	9 千卡
苦苣 30 克	10 千卡
芝麻叶 20 克	7 千卡
嫩姜 20 克	4 千卡

做 法

01. 嫩姜洗净，切片，用 1/2 茶匙盐腌制 20 分钟。

02. 章鱼用厨房剪去除嘴巴、眼睛、内脏和外膜，洗净，用 1/2 茶匙盐腌制 10 分钟。

03. 苦苣和芝麻叶清洗沥干，平铺到盘中待用。

04. 鸡蛋清洗干净，和凉水一起下锅，盖盖子煮 5 分钟关火。捞出，放入凉水中待用。

05. 鸡蛋剥壳，对半切成两半。摆在苦苣和芝麻叶上面。

06. 嫩姜腌好后，再次清洗沥干，放入盛醋和糖的容器中混合均匀，待用。

07. 煮一锅沸水，用漏勺汆烫章鱼，第一次 15 秒，捞出，再次汆烫 10 秒，捞出。

08. 章鱼放冷切段，倒入姜醋中浸泡。

09. 章鱼捞出摆在鸡蛋上。

10. 芥末酱、黑胡椒碎和橄榄油充分混合后，浇在食材上，拌匀即可食用。

烹饪秘籍

1. 章鱼不要过度焯水，全熟后则不会有日料店里章鱼小菜的通透感和爽滑的口感。

2. 鸡蛋缩短焖煮时间，可以获得溏心蛋，让沙拉看起来更灵动。

营养贴士

章鱼是几乎不含脂肪的海鲜食材，富含蛋白质，热量低，具有补血益气的作用；搭配鸡蛋，非常适合减肥健身期间食用。

平实又好味

菠菜火腿温泉蛋

30 min

全熟的青菜，半熟的温泉蛋，全生的火腿片。溏心蛋与火腿的搭配，让人食欲大增。

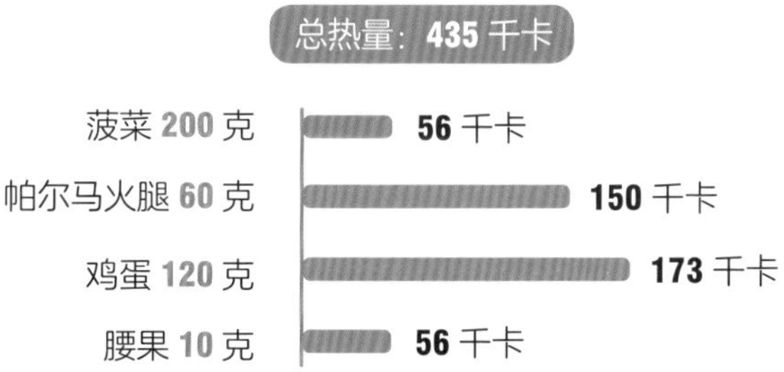
总热量：435 千卡
菠菜 200 克
56 千卡
帕尔马火腿 60 克
150 千卡
鸡蛋 120 克
173 千卡
腰果 10 克
56 千卡

做法

01. 将约 500ml 水烧开后关火，将鸡蛋外壳清洗干净，用勺子盛鸡蛋轻轻放至锅底处。

02. 再缓缓注入约 100ml 凉水，盖上盖子，静置 17~20 分钟，然后取出鸡蛋过凉水，壳轻轻磕开，倒入碗中即成温泉蛋。

03. 煮蛋时，将菠菜洗净切段；烧一锅水，加少许橄榄油和 1g 盐，放入菠菜焯水 1 分钟，捞出过凉。

04. 把腰果切碎，平底锅小火加热后，不用加油，烘焙一下腰果，取出放凉备用。

05. 将剩余盐和其他调料混合均匀成油醋汁待用。

06. 沥水后的菠菜放入盘中打底，再摆上火腿片，浇上油醋汁，摆上温泉蛋撒上腰果，戳开蛋黄，搅拌食材即可。

1
2
3
4
5
6

主料

菠菜	200g
帕尔马火腿	60g
鸡蛋	120g（2 个）

辅料

腰果	10g

调料

盐	1/2 茶匙
黑胡椒粒	1/2 茶匙
橄榄油	1 汤匙
果醋	1/2 汤匙
蜂蜜	1/2 茶匙

烹饪秘籍

1. 做温泉蛋最好选择土鸡蛋，蛋黄色泽更深，溏心会更漂亮。
2. 腰果烘烤放凉后才能回脆。

营养贴士

大力水手为何最爱吃菠菜？因为菠菜不仅是四季菜，随处可见，而且它富含胡萝卜素、叶酸、膳食纤维和多种矿物质，可以为人体提供多种营养，还能促进肠胃蠕动，助排便。腰果热量较高，含有不饱和脂肪酸，同样具有润肠通便的作用。

清蒸鲈鱼

一举变大厨

烹饪时间　难易程度

30 min

总热量：**272** 千卡

鲈鱼 250 克 ━━━━━━━━━━━━ **263** 千卡

姜 20 克 ▌ **9** 千卡

主　料

新鲜鲈鱼　　　250g（1条）

  辅　料

大葱　　　　　30g
姜　　　　　　20g

 调　料

盐　　　　　　1/2 茶匙
料酒　　　　　2 茶匙
食用油　　　　1 汤匙
蒸鱼豉油　　　1 汤匙

清蒸——最简单、最美味的海鲜做法之一，较大程度地保留了营养和鲜味。清蒸鲈鱼是一道广东名菜，做过就知道非常容易上手。这也是一道非常好的宴客菜。

  做　法

01. 鲈鱼洗净，去内脏和黑膜，表面水分再用厨房纸巾擦干。

02. 用盐和料酒均匀涂抹鲈鱼表面和鱼腹内，腌 5 分钟以去腥入味。

03. 大葱清洗干净，葱白切 5cm 长段，其中一段切丝；葱绿切成 10cm 长的细丝，泡于凉水中。

04. 姜洗净去皮，切 5mm 厚片，待用。取鱼盘，横着摆入葱白段。

05. 鲈鱼腹内塞入葱白丝和姜片，放入鱼盘葱白段上。

06. 烧一锅水，水开后把鱼盘放入蒸屉，蒸 6 分钟。

07. 蒸好后，戴隔热手套取出鱼盘，倒出盘内的水。去掉底部的葱白和鱼腹中的葱姜。

08. 鲈鱼表面靠中间部位铺上葱绿丝，均匀浇上蒸鱼豉油。

09. 炒锅烧热后，倒入食用油，加热至滚烫，关火，将热油快速淋过鱼身，即可食用。

烹饪秘籍

1. 将鲈鱼内脏和黑膜处理干净，是为了去除腥味，味道和口感更好。

2. 如果希望更入味，可以在鱼身两侧对称斜切几刀。

3. 葱绿细丝泡在水中，会变弯曲，便于摆盘造型。

4. 蒸鱼盘内放入葱段，可以均匀、快速地蒸熟鱼的各个部位，避免蒸出来的带腥味的鱼汁浸泡鱼肉，影响味道。

营养贴士

鲈鱼的脂肪含量低，富含蛋白质和维生素 A、维生素 E，且钾、钙、磷等元素含量较高，对于维持体内酸碱平衡、骨骼和牙齿健康很有益处，是一款老少咸宜的食材。

龙井虾仁

白玉翡翠
淡如素

烹饪时间 45 min

难易程度

总热量：**609** 千卡

河虾 600 克 ██████████████ **522** 千卡

鸡蛋 60 克 ████ **87** 千卡

主 料

新鲜大河虾	600g

辅 料

明前龙井	1g
鸡蛋	60g（1个）

调 料

料酒	2 茶匙
盐	1 茶匙
淀粉	1 茶匙
食用油	1 汤匙

苏东坡《望江南》的"且将新火试新茶"说的是清明节后用新火试煮明前龙井。这给了后人灵感，用龙井茶来烹制当季新鲜河虾仁，成为经久不衰的杭帮名菜。

做 法

01. 新鲜大河虾清洗过后，沥去水，放入冰箱冷冻柜 15 分钟后取出。

02. 河虾剥壳，剔除虾线，清洗干净，用厨房纸巾吸干表面的水。

03. 用约 50ml、80℃热水泡龙井茶叶 2 分钟。然后把茶叶滗出来，保留约 20ml 茶汤。

04. 鸡蛋打开，用分离器分离蛋黄和蛋清，只取蛋清备用。

05. 将虾仁、蛋清、盐、料酒混合腌制 5 分钟，裹上淀粉，倒入 5ml 茶汤搅拌上浆。

06. 炒锅加热，倒入食用油，油热后倒入虾仁快速煸炒 15 秒，变色即可捞出。

07. 锅内留底油，加热，加入虾仁，倒入剩余茶汤，翻炒入味。

08. 出锅前撒入茶叶，混合均匀，关火出锅。装盘即可食用。

烹饪秘籍

1. 新鲜河虾冷冻过更容易剥出外形完整的虾仁。

2. 尽可能选明前龙井，绿茶香气更浓郁、更清新。

营养贴士

河虾是优质蛋白质来源，含有丰富的钙、钾、磷、钠、镁等元素，其中镁元素对心脏活动有很好的调节作用，且能有效保护心血管系统。不过，河虾中胆固醇含量较高，应注意食用频率和数量不宜过多。

干煎杏鲍菇

什么时候
都好吃

烹饪时间

10 min

难易程度

杏鲍菇闻上去有淡淡的杏仁香味，咬下去好似鲍鱼脆嫩肥厚的口感；其热量低、脂肪含量低、膳食纤维高，是减肥期间的上佳食材；其烹饪相对简单、易操作，可以搭配多种食材，变换不同菜式，故有"草原上的美味牛肝菌"的美誉。

总热量：35 千卡

杏鲍菇 100 克　　　　**35 千卡**

 主 **料**

杏鲍菇　　　　100g（2只）

 调 **料**

盐　　　　　　1/2 茶匙
黑胡椒碎　　　1/2 茶匙
橄榄油　　　　1 汤匙

做 法

01. 杏鲍菇洗净，擦干水，竖着切片，厚度 4mm 左右。

02. 平底锅烧热后，加少许橄榄油，用硅胶刷把油刷满锅底。

03. 将杏鲍菇片平铺，半分钟后看到微黄卷曲，即可翻面。

04. 翻面后，将剩余橄榄油淋上去，再煎半分钟。

05. 依口味撒入盐和黑胡椒碎调味，出锅装盘。

烹饪秘籍

1. 选择有坑纹的平底锅，煎好后可以自带漂亮的纹理，卖相加分。

2. 如果喜欢浓郁口感，可以换香油代替橄榄油来烹饪杏鲍菇。

白灼芥蓝

清淡宜人的
广东靓菜

烹饪时间

15 min

难易程度
◉

日常饮食，必不能少了青菜。能使青菜鲜美而有滋味的烹饪方式之首选是白灼。滚水断生至熟，看似简单，却非常需要眼疾手快的功力。

总热量：**66**千卡

芥蓝 **300** 克　　　　**66** 千卡

主　料

芥蓝	300g

辅　料

蒜末	10g

调　料

盐	1/2 茶匙
蒸鱼豉油	1 汤匙
食用油	1 汤匙

做　法

01. 芥蓝根部老皮削掉，老叶择除，清洗待用。

02. 烧适量水，加入盐，水开后，放入芥蓝。

03. 放入 1 茶匙食用油，焯烫 1 分钟，待颜色变深后捞出芥蓝。

04. 迅速放入凉水或者冰水中浸泡 1 分钟，捞出沥水，盛入盘中。

05. 浇上蒸鱼豉油，中间铺上蒜末。

06. 平底锅烧热，倒入剩余食用油，加热后，关火，马上浇在蒜末上，即可食用。

烹饪秘籍

1. 芥蓝过凉水，是为了保持翠绿色彩和脆爽口感。冬春时节如果不喜欢冰凉，可以不过凉水，直接盛盘。

2. 生蒜末遇热油，会激发独特的香气和辣味。如果不喜欢蒜味，可以换成葱丝或者辣椒丝等辅料。

营养贴士

芥蓝中维生素 C、钙和钾等元素含量丰富，可减缓维生素 C 摄入不足造成的牙龈出血。它还含有丰富的膳食纤维，可润肠通便，预防便秘。

西芹腰果虾仁

鲜甜爽脆

烹饪时间 30 min

难易程度

总热量：449 千卡

明虾 250 克	213 千卡
西芹 300 克	51 千卡
熟腰果 30 克	185 千卡

主 料

明虾	250g
西芹	300g
熟腰果	30g

  辅 料

姜末	10g

  调 料

料酒	2 茶匙
盐	1 茶匙
食用油	1 汤匙
淀粉	1 茶匙
白胡椒粉	1/2 茶匙

小清新系列家常小炒，色彩搭配和谐，口感滑嫩爽脆。"蔬菜＋海鲜＋坚果"的组合，营养均衡。

做 法

01. 新鲜明虾清洗后沥水，放入冷冻室冻 10 分钟，取出剥壳，去除虾线，再次清洗，擦干水分。

02. 虾仁放入碗中，加 2g 盐、白胡椒粉、料酒和 1/2 茶匙淀粉，搅拌抓匀，使淀粉更好地包裹住虾仁。

03. 西芹洗净，去筋去叶，茎部斜切成片。

04. 煮适量清水，水开后，放入 1g 盐和 1 茶匙食用油，给西芹焯水断生，捞出入凉水过凉。

05. 剩余淀粉加约 50ml 清水调匀备用。

06. 炒锅加热，倒入食用油，放姜末爆香，虾仁滑炒变色，加入西芹，快速翻炒。

07. 出锅前放入剩余盐和芡汁，再将腰果放进去，煸炒数下，即可出锅食用。

烹饪秘籍

若熟腰果较脆，则无需再过油炸一次，放凉后入菜即可。这样，既节约时间，又可少摄入一些热量。

营养贴士

明虾蛋白质含量丰富，脂肪含量低，富含磷、钾、钙、镁等矿物质，可辅助调节人体机能，有助于消化吸收。

啖至甘甜

四季泉水时蔬

烹饪时间 30 min

难易程度

一年两人三餐四季，感受最本真、最质朴的味道。水煮过的甘甜，就在这道餐食里。最简单的烹调方式，是对食材的最大信任。

总热量：305 千卡

玉米 200 克	224 千卡
胡萝卜 100 克	32 千卡
四季豆 100 克	31 千卡
西蓝花 50 克	18 千卡

主　料

玉米	200g（1根）
胡萝卜	100g
四季豆	100g
西蓝花	50g

 辅　料

香葱末	5g
香菜末	5g
小米椒碎	5g

  调　料

盐	1g
生抽	1汤匙
香油	1/2茶匙
蚝油	1/2茶匙
醋	1/2茶匙

  做　法

01. 取约1000ml矿泉水入煮锅，开大火，玉米去须洗净，切成6cm长段，每段纵切成4长条，水开后，入锅煮15分钟。

02. 煮玉米时，清洗胡萝卜并去皮，切成与玉米相同的长条。玉米煮10分钟时，加入胡萝卜同煮5分钟，一同捞出。

03. 另取一锅放入约500ml矿泉水和盐，开大火。清洗西蓝花，切成均匀的小朵，水开后放入，焯水2~3分钟，颜色变深后捞出。

04. 西蓝花焯水时清洗四季豆，去筋，切成6cm长段，捞出西蓝花后，放入四季豆煮5分钟，变色、变软后捞出。

05. 另起煮锅，再次倒入约500ml矿泉水，大火加热1分半钟，关火。倒入浅盘容器中，依次放入玉米、胡萝卜、四季豆和西蓝花，随意盛放。

06. 小料碗中放入香葱末、香菜末、小米椒碎、生抽、蚝油、醋和香油，搅拌均匀，蔬菜蘸食料汁即可。

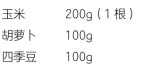 **烹饪秘籍**

1. 食材煮制过程中，水会变色、变浑浊。本菜舍弃煮过蔬菜的水，以保持水原本甘甜的味道。一定要选择耐煮蔬菜作为这个食谱的原料。

2. 最后使用的矿泉水不用完全烧开，以避免蔬菜加入后过熟，影响口感。

3. 蘸汁稍微重口一些，来改善很多人吃不下原味蔬菜的抗拒感。可以按照自己的喜好调制其他口味蘸汁。

营养贴士

玉米富含膳食纤维，在增强饱腹感的同时，可以刺激肠胃蠕动，预防便秘，帮助肠道排除毒素。胡萝卜中的胡萝卜素可转化为维生素A，有助于提高人体免疫力。四季豆中含有微量铜元素，对人体免疫功能、神经中枢等正常功能的发挥起到重要作用；它还能促进骨骼生长发育。另外，玉米和胡萝卜同时具有明目的功效。

南瓜糙米饭

炒出来的
健康饭

烹饪时间　难易程度

30 min

糙米是非常有营养的主食品种，虽然口感一般，但经过炒制后，再煮熟，味道就会好很多。搭配南瓜和大米，香甜可口，隐约有种吃到甜品的愉悦。另外，多炒一些糙米，可用来日常泡水饮用。

总热量：631 千卡

食材	热量
南瓜 150 克	**35 千卡**
糙米 60 克	**209 千卡**
大米 60 克	**214 千卡**
鸡蛋 120 克	**173 千卡**

主 料

南瓜	150g
糙米	60g
大米	60g

辅 料

鸡蛋	120g（2 个）

调 料

橄榄油	1 茶匙

做 法

01. 糙米洗净，沥干水；大米淘净。

02. 南瓜带皮洗净，去掉瓜瓤，切成宽 3cm、高 1cm 的小块。

03. 平底锅小火加热，倒入糙米翻炒，直到表面轻微发黄、即将裂开为止，盛出。

04. 糙米、大米和南瓜块放入电压力锅内胆中。

05. 锅内倒入高于食材一指节的水量，磕入两个鸡蛋。

06. 选米饭模式，20 分钟蒸好后，加入橄榄油搅拌均匀即可。

烹饪秘籍

1. 炒制糙米跟提前用水浸泡一样，都可以用来缩短制作时间，同时，做出来的米更好吃。

2. 建议选择甜面的南瓜品种，其中首选日本南瓜，皮薄肉甜，可带皮食用。

营养贴士

糙米蛋白质含量虽然不高，但很优质，人体容易消化吸收。糙米保留了米糠和胚芽，这两个组成部分中 B 族维生素和维生素 E 含量丰富，能使人体的血液循环加强，有效对抗沮丧和烦躁的情绪，保持充沛活力。

来自南美的超级谷物

海鲜藜麦焖饭

 烹饪时间 90 min

 难易程度

偶尔想要偷个懒，又想要色、香、味俱全的饭菜，焖饭是不错的方式。再有海鲜的加持，一顿丰富的大餐便齐活了。

总热量：986 千卡

食材	热量
藜麦 80 克	294 千卡
海虾 120 克	95 千卡
大米 40 克	139 千卡
青口 200 克	228 千卡
干贝 20 克	53 千卡
鱿鱼 100 克	75 千卡
彩椒 100 克	26 千卡
豌豆 50 克	56 千卡
洋葱 50 克	20 千卡

主 料

藜麦	80g
大米	40g
海虾	120g
青口	200g
鲜鱿鱼圈	100g

辅 料

红、黄彩椒	各50g
豌豆	50g
干贝	20g
洋葱	50g
姜片	10g

调 料

番茄酱	4汤匙
盐	1/2茶匙
料酒	1汤匙
食用油	2汤匙
生抽	1汤匙
辣椒粉	1茶匙

做 法

01. 干贝清洗后放入小碗，加入约100ml水和姜片。

02. 上锅小火蒸1小时，取出姜片，干贝和干贝汁留用。

03. 藜麦和大米分别提前洗净，用凉水浸泡20分钟；红、黄彩椒洗净，与洋葱分别切丁，待用。

04. 鱿鱼圈洗净；海虾带壳从背部挑出虾线后洗净；青口洗净外壳和泥沙。

05. 煮锅中倒入适量水烧开后，倒入料酒，分别将鱿鱼圈、海虾和青口焯烫1分钟，捞出。

06. 铸铁锅烧热，倒入食用油，油热后，放入洋葱，煸炒至透明，加入彩椒丁、豌豆，再加入番茄酱一同翻炒。

07. 藜麦和大米控干水放入锅内，干贝带浸泡的汁一同倒入，然后放生抽、辣椒粉和盐，翻炒均匀。

08. 加入刚好没过食材的水，大火烧开后，转中小火煮10~15分钟。再盖上锅盖煮。

09. 待水分即将收干时，锅内平铺海虾、青口和鱿鱼圈，盖锅盖，焖5分钟，关火出锅即可。

烹饪秘籍

1. 干贝高温蒸煮之后，带汤汁一同入菜，会令菜品十分鲜美。干贝带汁，所以煮饭时，需要少放一些水或者高汤。

2. 海鲜已经断生去腥，只需最后阶段加入焖煮即可，否则容易变老。若使用冰鲜或者冷冻鱿鱼圈，需要预先解冻至室温。

3. 最好使用受热均匀、加热较快的铸铁锅制作焖饭。中途还可以添加食材或随时查看状态。

营养贴士

藜麦中富含镁元素，可以减缓或者预防高血压，从而减少心血管疾病的发生。青口蛋白质含量丰富，可以提高人体免疫力。鱿鱼中含有牛磺酸，可以降低血液中胆固醇的堆积，调节血脂。

红楼梦里的一碗饭

三文鱼茶泡饭

烹饪时间 **60** min

难易程度

总热量：410 千卡

三文鱼 150 克	209 千卡
米饭 150 克	174 千卡
海苔 10 克	27 千卡

主 料

三文鱼（一面带皮）	150g
米饭	150g
明前龙井	3g

辅 料

海苔	10g
香葱圈	10g
紫苏梅子	1颗
熟白芝麻	2g

调 料

清酒	2茶匙
海盐	1/2茶匙

橄榄油	1汤匙
日本淡口酱油	1汤匙

《红楼梦》里第四十九回《琉璃世界白雪红梅，脂粉香娃割腥啖膻》有记载："宝玉却等不得，只拿茶泡了一碗饭，就着野鸡瓜齑忙忙地咽完了。"茶泡饭历史悠久，传入日本后形成了更加鲜明的特色，最简单的为玄米茶泡饭加腌梅子。虽清茶淡饭，却不失味道和仪式感。

  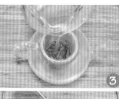 

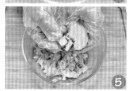  

做 法

01. 三文鱼洗净，用厨房纸巾吸干表面的水，再加入盐和清酒涂抹，腌制入味，约30分钟。

02. 海苔切丝；紫苏梅子洗净，去核切成果泥，待用。

03. 取85℃左右热水，约200ml，倒入龙井茶壶中，敞盖冲泡。

04. 平底锅加热，倒入橄榄油，油热后放三文鱼小火煎至鱼皮变脆，鱼肉变色。

05. 煎好的三文鱼盛出，放凉，撕成小块。

06. 米饭碗中间铺上三文鱼块，旁边点缀海苔丝、梅子肉、香葱和芝麻。

07. 碗边浇入茶汤，再淋上淡口酱油即可。

烹饪秘籍

1. 没有清酒的，可以使用料酒代替去腥。

2. 腌制的梅子口感较咸，如果不是为了整体造型而放整颗梅子，可以将果肉分离出来，制成果泥，更方便入口。

3. 淡口酱油颜色较浅，不影响"茶泡饭"清透的外观。但是，淡口酱油较咸，应注意适当减少盐的用量。

 营养贴士

龙井茶中含有茶多酚物质，可以起到抗氧化和抑菌消炎的作用。茶中的咖啡碱和茶碱有利尿的作用，水肿体质的人可以多喝，以去水肿。

朝鲜半岛的经典美味

泡菜石锅拌饭

烹饪时间
30 min

难易程度

总热量：547 千卡

食材	热量
泡菜 150 克	39 千卡
大米 100 克	346 千卡
胡萝卜 50 克	16 千卡
西葫芦 50 克	10 千卡
绿豆芽 50 克	8 千卡
菠菜 100 克	28 千卡
香菇 50 克	13 千卡
鸡蛋 60 克	87 千卡

主 料

泡菜（辣白菜）	150g
大米	100g

调 料

韩国辣酱	2 汤匙
盐	1/2 茶匙
生抽	1 汤匙
橄榄油	1 汤匙

辅 料

胡萝卜	50g
西葫芦	50g
绿豆芽	50g
菠菜	100g
香菇	50g
鸡蛋	60g
熟白芝麻	2g

看韩剧时，除了被好看的故事情节和男女主角吸引，更被剧中的美食深深"种草"。感觉韩国人真切地热爱自己的饮食文化。看到剧中特别好吃的食物时，就想自己动手做一回。

做 法

01. 大米淘净，放入石锅中，加入约 150ml 清水，开中火蒸 15 分钟左右。

02. 胡萝卜洗净，去皮切丝；西葫芦、泡菜分别切丝；绿豆芽洗净；香菇切长片。

03. 炒锅烧热，放入橄榄油，中火煸炒胡萝卜丝，变软，捞出待用。

04. 余下底油，快速翻炒香菇片，至有点出水缩小，盛出。

05. 烧适量水，加入盐，水开后，焯一下菠菜，颜色变深后，捞起沥水待用。

06. 米饭蒸好离火前，迅速在锅内摆入胡萝卜丝、西葫芦丝、绿豆芽、香菇片、菠菜和泡菜。

07. 石锅正中间打入生鸡蛋，放入韩国辣酱。

08. 淋入生抽，撒上白芝麻，离火，即刻趁热拌匀，开吃。

烹饪秘籍

1. 本食谱使用石锅蒸米饭，锅很烫，注意不要烫到手。如果不用石锅，可以将食材单独做熟后拌饭。

2. 可以利用锅本身的热度，将鸡蛋、西葫芦和豆芽在拌饭过程中加热至熟。

营养贴士

泡菜是一种便于长期存放的蔬菜，靠活性乳酸菌发酵形成酸味。韩式辣白菜开胃助消化，含有丰富的纤维素，能促进新陈代谢和肠胃蠕动。不过因制作过程中会产生亚硝酸盐，故不宜频繁多吃。

时蔬杂粮饭

一点儿也不
寡淡

烹饪时间

难易程度

30 min

藜麦 20 克	74 千卡
糙米 20 克	70 千卡
薏米 20 克	72 千卡
四季豆 100 克	31 千卡
洋葱 50 克	20 千卡
枸杞 10 克	26 千卡
小米 20 克	72 千卡
红米 20 克	69 千卡
土豆 100 克	81 千卡
胡萝卜 100 克	32 千卡
葡萄干 10 克	35 千卡

主 料

藜麦	20g
小米	20g
糙米	20g
红米	20g
薏米	20g
四季豆	100g
胡萝卜	100g
土豆	100g

  辅 料

洋葱	50g
枸杞	10g
葡萄干	10g

  调 料

橄榄油	2 汤匙
盐	1 茶匙
日本淡口酱油	2 茶匙
蚝油	1 茶匙
白砂糖	1 茶匙

蔬菜与主食的味道，可以靠优质的调味品来调节，并非只有通过搭配海鲜和肉类才能提振食欲。快手饭，简便美味，健康又朴素。

   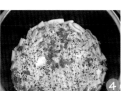

  做 法

01. 将藜麦、小米、糙米、红米和薏米清洗后，加入 150ml 水浸泡 2 小时备用。

02. 四季豆、胡萝卜、土豆和洋葱清洗后，四季豆去筋，掰成 3cm 长小段；胡萝卜、土豆和洋葱切成等大小丁。

03. 将杂粮米带浸泡的水倒入电压力锅中，加入四季豆、胡萝卜、土豆、枸杞和葡萄干，继续加清水，直到刚好没过蔬菜。

04. 上述食材蒸 20 分钟左右，蒸好后，焖 5 分钟。

05. 焖饭时，起炒锅加热，倒入橄榄油，油热后放入洋葱煸炒至透明。

06. 加入日本淡口酱油、蚝油和白砂糖，炒成酱汁。

07. 把酱汁倒入时蔬饭中，加入盐，一起搅拌均匀，即可食用。

🎥 烹饪秘籍

1. 杂粮米可以根据喜好进行搭配，可以适当延长浸泡时间，方便一起蒸熟。

2. 选择耐蒸煮的蔬菜与杂粮饭进行搭配，不易烂在饭中，影响色相。

🥣 营养贴士

与大米相比，小米中维生素 B_1 含量更高，能促进肠胃消化，调节人体糖类代谢。小米中含的铁元素有预防贫血的功效，还有助于安神入眠。薏米中膳食纤维和钾元素含量高，有助于利水消肿。对于生活在南方的人群来说，薏米还有健脾除湿的功效。

杧果糯米饭

这是一道看似甜品的主食，未曾下口之前感觉应该是甜甜腻腻的吧？谁知椰香和一点点盐的引诱，竟让我从此爱上这个饭。

总热量：839 千卡

糯米饭 120 克 **420 千卡**
杜果 500 克 **175 千卡**
椰浆 400 毫升 **244 千卡**

主 料

糯米饭	120g
爱文杜果	500g

辅 料

椰浆	400ml

调 料

盐	1/2 茶匙
淀粉	2 茶匙
白砂糖	1 茶匙

做 法

01. 锅中倒入约 300ml 椰浆，加入盐和白砂糖，中小火煮开后，关火。

02. 糯米饭和煮过的椰浆都倒入盆中，搅拌均匀，使所有米都被椰浆包裹，静置 10 分钟。

03. 糯米饭盛入小碗中，填满，扣在盘中。

04. 杜果洗净，对半切开，去掉核和皮，切成小丁，摆放在糯米饭旁边。

05. 小锅倒入 100ml 椰浆，加入淀粉，搅拌均匀，中火煮一分半。

06. 关火，浇到杜果和糯米上，就可以吃啦。

烹饪秘籍

椰浆分为两部分，一部分用于浸泡糯米饭，可以让椰浆调和汁跟糯米的味道融为一体；另一部分椰浆烧至略黏稠，最后用于增加风味和装饰。

营养贴士

糯米富含钾、磷和钙等矿物质，钾、钠共同作用维持人体内水分的平衡，可以促进细胞新陈代谢，对维持人体的正常活动起到重要作用。糯米中碳水化合物的含量和热量都较高，减肥期间要控制糯米的摄入量。

鲜掉眉毛

雪菜小黄鱼面

烹饪时间

难易程度

总热量：**762** 千卡

雪菜 60 克	**24** 千卡
小黄鱼 300 克	**297** 千卡
湿面 150 克	**437** 千卡
小青菜 20 克	**4** 千卡

主料

雪菜	60g
小黄鱼	300g
湿面条	150g

辅料

小青菜	20g

调料

食用油	2 汤匙
盐	1/2 茶匙
料酒	1 汤匙
白胡椒粉	1/2 茶匙

小米椒圈	5g
姜片	10g

非常具有江浙小海鲜气息的特色汤面，汤头鲜美，肉质细嫩。忙碌一天，连汤饮下，感觉整个人都被温暖了。

做法

01. 小黄鱼去鳞、去内脏，清洗干净，拔掉鱼头，分开待用。

02. 用盐、料酒和白胡椒粉将小黄鱼抓匀，腌制 10 分钟入味。

03. 雪菜清洗两遍，挤干水，切成末。小青菜去根、清洗，整棵留用。

04. 炒锅加热，放入食用油 1 汤匙，大火加热后放入小黄鱼和姜片，煸熟，加 300ml 水，烧开煮汤。

05. 同时，另起一个平底锅，加热后放入 1 汤匙油，油热炒雪菜，2~3 分钟盛出。

06. 用漏勺把鱼汤中的姜片捞出，撇除白沫，放入雪菜末和小米椒圈，再次烧开以后关火，成小黄鱼雪菜浇头。

07. 煮锅内放入 500ml 清水，水开后把面条放进去煮 3~5 分钟，面条全熟后捞出盛入碗中。

08. 面汤趁热放入小青菜，烫 1 分钟捞出。

09. 将小黄鱼、雪菜浇头倒在面上，摆上小青菜，浇汤后即可趁热食用。

烹饪秘籍

1. 处理黄鱼时，鱼头鱼骨不要丢掉，可以替代小黄鱼炒制熬汤，味道也很鲜美。

2. 雪菜本身较咸，用盐量不要很多，否则偏咸。

3. 没有新鲜小黄鱼时，可以用冰鲜小黄鱼代替。

营养贴士

小黄鱼中丰富的蛋白质属于水解蛋白，能烹饪出如牛奶般丝滑的白色高汤。除了钙、钾、磷等矿物质，小黄鱼还富含硒元素，能清除体内自由基，提高人体抗氧化和抵抗疾病风险的能力。

近看不是山

香糯杂米酿鸡胸

烹饪时间
60分钟

难易程度

结合了煎炒和烤制的饭肉料理，猛一看让人误以为是新鲜出炉的面包。然而，切开的瞬间，便会给人的视觉和味蕾带来惊喜！

 主 料

鸡胸肉	800g（2块）
藜麦	20g
生燕麦	20g
黑米	20g

 辅 料

香菇	100g
菠菜	50g
洋葱	50g

 调 料

盐	1 茶匙
食用油	2 汤匙
黑胡椒碎	1 茶匙
料酒	1 汤匙
蜂蜜	2 茶匙
生抽	1 汤匙
辣椒粉	1 茶匙

总热量：1334 千卡

鸡胸 800 克		**1064 千卡**
藜麦 20 克		**74 千卡**
燕麦 20 克		**68 千卡**
黑米 20 克		**68 千卡**
香菇 100 克		**26 千卡**
菠菜 50 克		**14 千卡**
洋葱 50 克		**20 千卡**

做 法

01. 藜麦、生燕麦和黑米提前浸泡 20 分钟，放入高压锅，加入约 100ml 水，加热 15~20 分钟至熟，取出待用。

02. 鸡胸肉洗净，分别从窄边侧面中部，用刀插进去，划出口袋一样的内部空间，两侧和另一头不要划破。

03. 用 1/2 茶匙盐、料酒和黑胡椒碎涂抹鸡胸内外，腌制半小时。

04. 香菇洗净，切丁。洋葱去皮，切丁。菠菜洗净，去根，切小段，放入开水中焯熟，晾凉待用。

05. 炒锅烧热，放入 1 汤匙油，油热后倒入洋葱和香菇煸炒。

06. 加菠菜、杂粮米饭、生抽和剩余盐，炒匀出锅。

07. 把炒好的杂粮菜分别塞入 2 个鸡胸肉内，封口用牙签固定。

08. 加热平底锅，放入剩余食用油，将鸡胸肉用中小火煎至定型，表面撒上辣椒粉。

09. 烤箱上下火 180℃预热 3 分钟，把鸡胸肉放入烤盘，继续烤 15 分钟。

10. 取出鸡胸肉，表面刷一层蜂蜜，放回烤箱再烤 5 分钟，取出切开食用。

烹 饪 秘 籍

1. 如果从长的一侧划开鸡胸肉，虽然容易操作，但定型时内馅会漏出来，不仅影响美观，而且还会使后续操作更加麻烦。

2. 先煎后烤，有利于塑形和缩短制作时间。刷蜂蜜是为了带来金黄的色泽。

营 养 贴 士

燕麦是高纤维的谷类，日常食用，可润肠排毒，降低人体血糖和胆固醇。燕麦宜多次少食，是减肥的好食材。

温州糯米饭

烹饪时间　难易程度

30 min

总热量：991 千卡

食材	热量
糯米 120 克	420 千卡
猪里脊 100 克	155 千卡
油条 100 克	388 千卡
香菇 50 克	13 千卡
虾皮 10 克	15 千卡

主　料		辅　料	
糯米	120g	香菇	50g
猪里脊肉	100g	虾皮	10g
油条	100g	香葱	5g

调　料			
白砂糖	1/2 茶匙	料酒	2 茶匙
盐	1 茶匙	生抽	1 汤匙
食用油	1 汤匙		

汉朝的王充在《论衡·充实》中写道，"颜渊炊饭，尘落甑中。"若论炊饭，当属温州糯米饭了。至今，最地道的糯米饭依旧藏身于街头巷尾，是滋养着无数人的营养早餐。

01. 糯米提前隔夜浸泡，蒸锅烧水，架上蒸屉，放上蒸笼布，铺上浸泡好的糯米，蒸20分钟出锅。

02. 猪里脊肉洗净切细条，放入料理机打成肉末颗粒，取出后，放入调味碗中，倒入料酒和 1 茶匙生抽，腌制 5 分钟。

03. 香菇洗净切成小丁；香葱洗净切成小圈。

04. 油条切成小块，炒锅加热后，开中火，放入油条块煸炒 2 分钟，使之变硬、变脆，取出待用。

05. 炒锅加热，锅热后放入食用油，再放入香菇煸炒，变软出香味后，加入肉末炒至变色发白。

06. 加入约 200ml 纯净水，放入剩余生抽、白砂糖和盐，烧开后关火，成肉汤。

07. 糯米饭盛入碗中 2/3 满。

08. 放入油条、虾皮，再浇上肉汤，撒上香葱圈即可。

烹饪秘籍

油条本身比较油，因此开火加热时，无需再放油。

营养贴士

虾皮是高蛋白食品，且含丰富的矿物质，尤其是钙、铁、磷。不过，人体对虾皮中钙质的吸收率不高。虾皮中钠含量较高使其较咸，不宜多吃。

藜麦海苔饭团

便利店的
常客

烹饪时间
40 min

难易程度

总热量：**734** 千卡

食材	热量
藜麦 50 克	**184** 千卡
大米 70 克	**243** 千卡
海苔 40 克	**108** 千卡
肉松 30 克	**119** 千卡
白芝麻 15 克	**80** 千卡

主 料

藜麦	50g
大米	70g
海苔碎	20g
海苔片	20g（8片）

辅 料

肉松	30g
白芝麻	15g

调 料

寿司醋	2 茶匙	盐	1 茶匙

饥肠辘辘地走进便利店，拿起饭团，加热一下，便可作为工作餐果腹。都市打拼的人多多少少感受过饭团的快捷和美味。想吃好一点的工作餐，自己提前动手准备也是非常好的方式。

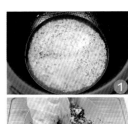

做 法

01. 藜麦和大米洗净，浸泡10分钟，入电饭锅蒸约20分钟。

02. 取平底锅，小火加热后，倒入白芝麻，不断用铲子翻炒至金黄变熟，倒入盐，混合后关火。

03. 炒好的白芝麻倒入保鲜袋，系口，放在菜板上，用擀面杖压碎后，将芝麻盐倒入碗中备用。

04. 米饭蒸好后，倒入大碗中，加入寿司醋，戴上一次性手套，迅速搅拌均匀。

05. 海苔碎和肉松一同倒入米饭中，拌匀。

06. 捏成8个1cm厚、5cm长的三角形饭团。

07. 每个三角形饭团一边裹上海苔片，其所对的角蘸上芝麻盐，即可装盘食用。

烹饪秘籍

1. 藜麦本身没有黏性，所以做饭团时跟大米混合后，要趁热拌上寿司醋，这样才能整理成形。

2. 芝麻盐除了搭配饭团，还可以搭配其他面食或者粥食用，非常香。吃不完的，放进冰箱密封保存即可。

营养贴士

海苔含有天然甘露醇，能降压、利尿、消水肿，容易水肿的人适合经常吃海苔。海苔中膳食纤维含量非常丰富，在人体内吸收水分后，体积会增大，有助于肠道蠕动，缓解便秘。

贵阳春卷

丝娃娃

烹饪时间 30 min

难易程度

总热量：1112 千卡

春卷皮 240 克	845 千卡
芹菜 50 克	9 千卡
黄瓜 50 克	8 千卡
胡萝卜 50 克	
绿豆芽 50 克	8 千卡
泡菜 30 克	8 千卡
豆腐干 50 克	76 千卡
海带丝 50 克	21 千卡
木耳 15 克	55 千卡
炸黄豆 20 克	65 千卡

主料

春卷皮	240g（15片）	绿豆芽	50g
芹菜	50g	豆腐干	50g
黄瓜	50g	海带丝	50g
胡萝卜	50g	泡发的木耳	15克

来自贵阳的丝娃娃基本是全素的。缤纷色彩的蔬菜和酸甜辣咸的口味，卷饼一裹，蘸水一浇，满满的家常仪式感。

辅料

炸黄豆	20g	香葱	5g
四川泡菜	30g	姜	5g
香菜	5g	蒜	5g

调料

酱油	2汤匙
醋	1汤匙
蚝油	1茶匙
香油	1茶匙
辣椒油	2茶匙

做法

01. 芹菜、黄瓜、胡萝卜分别洗净，切成细丝；海带丝、绿豆芽分别洗净；豆腐干切细丝；泡发的木耳切丝。

02. 海带丝、绿豆芽、木耳丝分别放入开水中焯水2分钟，捞出沥水，码入盘中。

03. 芹菜丝、黄瓜丝、豆腐丝、四川泡菜、炸黄豆也摆入盘中。

04. 香葱和香菜洗净，姜和蒜去皮，分别切成末放入蘸水碗中。

05. 碗中依次加入酱油、醋、蚝油、香油、辣椒油，搅拌均匀，完成蘸水的制作。

06. 取一片春卷皮放在手中，将适量菜码夹在春饼上。

07. 三面裹紧，留上面的口子，切一刀，使切口整齐，浇蘸汁，即可食用。

🎥 烹饪秘籍

若增加折耳根（鱼腥草）、腌蕨菜和脆哨等贵州特色食材，会更地道。

😊 营养贴士

黑木耳是木耳中常见的种类，含有酶、植物碱和胶质，能起到润肺和清理胃肠的功效，可以有效减少有害物质在人体内的残留，想要减脂瘦身的人适合经常食用。

带去健身房吧

西蓝花鸡胸杂粮便当

烹饪时间
（不含浸泡时间） 难易程度

总热量：689 千卡

藜麦 20 克	74 千卡
小米 20 克	72 千卡
糙米 20 克	70 千卡
红米 20 克	69 千卡
薏米 20 克	72 千卡
西蓝花 150 克	54 千卡
鸡胸 200 克	266 千卡
洋葱 30 克	12 千卡

主 料

藜麦	20g
小米	20g
糙米	20g
红米	20g
薏米	20g
西蓝花	150g
鸡胸肉	200g

 辅 料

| 洋葱 | 30g |

 调 料

盐	1 茶匙
橄榄油	1 汤匙
黑胡椒碎	1/2 茶匙
料酒	2 茶匙
焙煎芝麻酱	1 汤匙

根据运动时间和强度决定健身前后可以吃的食物。本餐补充低热量的碳水化合物和高品质蛋白质，瘦身健康两不误！

 做 法

01. 将藜麦、小米、糙米、红米和薏米清洗后，提前 2 小时浸泡。

02. 将杂粮米带浸泡的水倒入电压力锅中，煮 15~20 分钟，压力释放开盖后，盛到便当盒里。

03. 鸡胸肉清洗后，去筋去膜，用 1/2 茶匙盐、黑胡椒碎和料酒腌制 15 分钟。

04. 洋葱去皮，切成小块；西蓝花清洗，切小朵，放入开水中，焯 1 分钟至变色断生捞出。

05. 平底锅烧热，倒入 1/2 汤匙橄榄油，油热后，放入洋葱煸炒至透明。

06. 加入西蓝花略炒，放入剩余盐混匀，盛出。

07. 另起一平底锅，倒入 1/2 汤匙橄榄油，油热后，中火煎鸡胸肉至熟，当两面呈金黄色时盛出。

08. 将西蓝花、洋葱和鸡胸放在杂粮饭上，浇焙煎芝麻酱即可食用。

烹饪秘籍

1. 杂粮中如有薏米，需要长时间浸泡，方能煮软烂。
2. 如果作为便当外带，可以单独密封存放焙煎芝麻酱，吃的时候再浇汁，避免浸泡过久影响口感。

营养贴士

洋葱中含有的槲皮素，可以抑制部分类型的癌细胞活性，抑制其生长，还可祛痰止咳、抗氧化。另外，洋葱辛辣的气味可以刺激胃酸的分泌，增加食欲，很适合做开胃菜。

寿司小卷

太卷和细卷是寿司的经典种类，对于刚刚开始下厨的新手来说，细卷无疑是入门的最佳选择。此菜看似简单，做起来却要集中注意力，将每一个步骤做细致，才能得到漂亮的小卷。朴素中见真味，平凡中磨性情。

烹饪时间
30 min

难易程度
◉

主 料

大米糯米饭（二米饭）	200g
寿司海苔	10g（3张）

辅 料

黄瓜	30g
大根萝卜	30g
肉松	30g
三文鱼	30g
泡菜	30g
鸡蛋	60g(1个)

调 料

盐	1/2 茶匙
寿司醋	1 汤匙
白醋	2 茶匙
日本淡口酱油	2 汤匙
芥末	5g
淀粉	1 茶匙
橄榄油	1 汤匙

做 法

01. 向大米糯米饭中倒入寿司醋，搅拌松弛。

02. 黄瓜洗净去皮，三文鱼、萝卜洗净，将上述食材和泡菜分别切成 2cm 长的条。

03. 将鸡蛋打入碗中，加入淀粉和盐，再加入约 30ml 水，打成蛋液。

04. 平底锅烧热，倒入橄榄油，油热后倒蛋液摊成蛋饼，切成 2cm 宽细条。

05. 海苔片用厨房剪一分为二，剪成 6 小张。取一个小碗，倒入约 100ml 水，再加入白醋搅拌均匀。

06. 竹帘放平，放上海苔片，用白醋水把手沾湿，取 30g 左右米饭，平铺到海苔上，长边各留 1cm 空白，不要铺满。

07. 每条小卷米饭正中间分别摆入黄瓜、大根萝卜、肉松、三文鱼、泡菜和鸡蛋丝。

08. 将竹帘一边轻轻卷起，盖到另一侧大米边缘位置，捏紧塑形，左手提起竹帘向前，右手翻滚寿司卷，使紫菜封边。

09. 把刀蘸一下清水，将每条寿司切成 3cm 左右的小卷。蘸碟倒入酱油和芥末，小卷一头蘸汁即可食用。

二米饭 200 克　**288 千卡**

海苔 10 克　**27 千卡**

黄瓜 30 克　**5 千卡**

鸡蛋 60 克　**87 千卡**

大根萝卜 30 克　**5 千卡**

肉松 30 克　**119 千卡**

三文鱼 30 克　**42 千卡**

泡菜 30 克　**8 千卡**

烹饪秘籍

1. 有条件的话，可以选择专门做寿司的日本短粒大米来制作，更加香甜美味。水和米比例为 3∶2，会得到颗粒分明的寿司米。

2. 用白醋水把手沾湿，可防止寿司米粘在手上，影响后续操作。

3. 切小卷时，可以前后拉锯式向下切，不要直接一刀到底，否则容易把两端食材挤出来，也容易切变形。

营养贴士

日式大根萝卜是由白萝卜腌制而成的。白萝卜热量很低，水分含量高。白萝卜中的膳食纤维可以促进胃肠蠕动，减轻便秘，助消化和排气。

碎碎肉粒便当

好吃
不必多说

烹饪时间
30 min

难易程度

总热量：893 千卡

大米 100 克 ████████ 346 千卡
核桃仁 20 克 ███ 129 千卡
猪里脊 200 克 ███████ 310 千卡
杭椒 40 克 ███ 72 千卡
红色彩椒 40 克 █ 10 千卡
蒜末 20 克 █ 26 千卡

主 料

大米　　　　100g
生核桃仁　　20g
猪里脊肉　　200g

 辅 料

杭椒　　　　40g
红色彩椒　　40g
泡椒　　　　5g
蒜末　　　　20g

 调 料

味淋　　　　　　1 汤匙
日本淡口酱油 2 汤匙
淀粉　　　　　　1/2 茶匙
盐　　　　　　　1 茶匙
食用油　　　　　1 汤匙
料酒　　　　　　2 茶匙
生抽　　　　　　2 茶匙

很多人钟情于筷子很难夹起来的碎菜，重辣咸香，其中以川菜和湘菜见长。改版过的碎碎肉配上核桃饭，慢慢嚼，细细品，人生的滋味都在里面了。

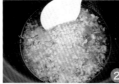
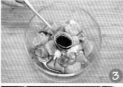

做 法

01. 生核桃仁放入保鲜袋，扎住口，铺在菜板上，用刀背敲碎。

02. 大米淘洗净，与核桃碎一同放入电饭锅，加约 150ml 清水、味淋和淡口酱油，搅拌均匀，蒸熟。

03. 猪里脊肉洗净，切成 2cm 见方的小丁，用生抽、淀粉、料酒和 1/2 茶匙盐拌匀，腌制 10 分钟入味。

04. 杭椒和红彩椒洗净，杭椒切成 2cm 长的小段，红彩椒切丁。

05. 平底锅加热，倒入食用油，开大火，油热后倒入里脊丁迅速翻炒，直到变色、肉收紧，推至锅边。

06. 下蒜末爆香，倒入杭椒和红彩椒翻炒 1 分半钟左右。

07. 将里脊丁重新拨回中间，加入泡椒继续炒 1 分钟左右，加剩余盐搅匀后出锅。

08. 将碎碎肉与核桃饭盛入盘中食用，或者放入便当盒中带出门，想吃的时候，加热 1 分钟即可。

 烹饪秘籍

1. 用生核桃煮制的核桃饭，味道更香醇。

2. 这道菜选用的杭椒微苦带辣，彩椒微甜不辣，泡椒辣中微酸，既丰富了辣的层次，又不至于过于辛辣。

 营养贴士

核桃当中含有丰富的不饱和脂肪酸，可以减少肠道对胆固醇的吸收，降低血脂，适合高频低量食用。核桃中的 B 族维生素和维生素 E 可以延缓细胞老化，健脑。过于瘦削的人可以通过吃核桃适当增重，因其脂肪和碳水化合物含量较高。

墨西哥黄油玉米棒

香甜媲美
快餐店

烹饪时间　难易程度

30 min

不同于街边小推车里煮的玉米，快餐店里的黄金玉米棒更加香浓甜美。自己动手做个同款，整个厨房似乎都充溢着墨西哥的味道。

主　料

嫩玉米	800g（4个）

辅　料

牛奶	500ml

调　料

黄油	50g
海盐	1/2 茶匙
白砂糖	1 茶匙

烹饪秘籍

1. 汤中加一点盐，是为了让玉米更香甜而不腻。
2. 是否挑选到当季鲜嫩的玉米，是这道主食成败的关键。颗粒饱满、青色包衣、黄褐色玉米须的，是新鲜玉米。

做　法

01. 玉米去皮去须，洗净待用。

02. 取煮锅，放入 300ml 水，烧开后，放入海盐、黄油、白砂糖和牛奶，搅拌至黄油化开。

03. 待浓汤烧开时，用漏勺撇去浮沫。

04. 加入玉米，大火烧开，转中火煮 15~20 分钟，中途翻滚玉米两次。

05. 关火后，汤内再浸泡 5 分钟，在玉米棒芯中插入一根筷子，即可拿起食用。

营养贴士

牛奶具有丰富的蛋白质和钙、磷、铁等多种矿物质，能促进人体吸收和成长发育，还可以安神助眠。对疲劳和有睡眠障碍的人群来说，牛奶非常适合日常饮用。牛奶中优质的乳脂肪和维生素还可以对肌肤起到保湿、嫩肤、美白的作用。

含蓄之美

越南春卷

不同于开放式三明治，越南春卷透明温润的外皮之下，包裹着丰盛和清爽，有一种东方的含蓄之美。

烹饪时间
30 min

难易程度

 主 料

越南春卷皮	60g（6片）
黄瓜	120g
胡萝卜	120g
生菜	50g

 辅 料

鲜虾	30g（3只）
卤牛肉	30g
红心火龙果	30g
无花果	30g
小番茄	40g（4颗）
猕猴桃	80g
小米椒	2g

 调 料

梅子酱	2汤匙
生抽	1汤匙
盐	1/2茶匙
橄榄油	1汤匙

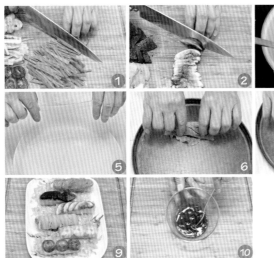

做法

01. 黄瓜、胡萝卜洗净切成 6cm 长细丝；小番茄切片；卤牛肉切片；鲜虾去虾线、虾壳，洗净待用。

02. 火龙果和猕猴桃清洗去皮后切片；无花果清洗干净，切片；小米椒切成圈。

03. 把虾仁放入开水中汆煮 1 分钟，至变色。

04. 平底锅烧热，放入橄榄油，油热后放胡萝卜煸炒，炒熟变软后，关火盛出，放入盘中待用。

05. 取一个大于春卷皮的深盘，倒入 60℃的温水，放入一张春卷皮，8~10 秒后，轻轻取出，放在操作台上。

06. 平铺生菜，放入适量黄瓜丝和胡萝卜丝，卷起。

07. 生菜卷从春卷皮一侧卷起，到 2/3 处时，中间整齐摆入 3 颗虾仁，继续卷起，直到三边收口。

08. 将虾仁面朝上，收口面朝下摆入盘中。

09. 按照步骤 7 和 8 的顺序，用春卷皮依次卷好卤牛肉、火龙果、无花果、小番茄和猕猴桃，放入盘中。

10. 梅子酱放入调料碗中，放入生抽、盐、小米椒圈，搅拌均匀，春卷蘸食即可。

总热量：449 千卡

春卷皮 60 克	211 千卡
黄瓜 120 克	19 千卡
胡萝卜 120 克	38 千卡
生菜 50 克	8 千卡
鲜虾 30 克	26 千卡
卤牛肉 30 克	50 千卡
红心火龙果 30 克	18 千卡
无花果 30 克	20 千卡
小番茄 40 克	10 千卡
猕猴桃 80 克	49 千卡

 烹饪秘籍

1. 春卷皮不要浸泡太久，以免因太软而无法完整地从水中取出。
2. 梅子酱口感淡而甜，可以添加一些调料进行口味上的调整。

 营养贴士

开胃菜中常见无花果的身影，它含有的苹果酸、柠檬酸和水解酶可以促进食欲和肠胃消化。无花果富含维生素 C，能帮助人体提高免疫能力，强健体魄。

英式速制小面包

无麸质无花果司康

烹饪时间　难易程度

总热量：**1070** 千卡

食材	热量
无麸质面粉 120 克	**439** 千卡
淡奶油 120 毫升	**420** 千卡
无花果 30 克	**20** 千卡
蔓越莓丁 20 克	**44** 千卡
鸡蛋 60 克	**87** 千卡
细砂糖 15 克	**60** 千卡

主料

无麸质面粉	120g
淡奶油	120ml
新鲜无花果	30g（3 个）

调料

细砂糖	15g
泡打粉	1/2 茶匙
盐	1/2 茶匙

辅料

| 蔓越莓干 | 20g |
| 鸡蛋 | 60g（1 个） |

起源于葡萄牙的司康饼，于大航海时代传入英格兰，最早在贵族中兴起，平民化后普及开来，继而成为英式下午茶的代表。无麸质面粉更适合乳糜泻和麸质过敏症人群。

做法

01. 烤盘铺上锡纸放入烤箱中层，设置 200℃、上下火，预热 10 分钟。

02. 预热期间，将面粉、1/2 茶匙盐、泡打粉和细砂糖倒入大盆中，搅拌均匀。

03. 蔓越莓干切碎一点，备用。

04. 将淡奶油分 3 次加入大盆中，拌成面团。

05. 加入蔓越莓干，用手揉面团，成形即可取出，放到操作台上。

06. 面团平均分为 6 份，填入慕思圈模具中塑形，至变成 6 个略厚的圆形面坯。

07. 无花果清洗干净，擦干水，对半切开；鸡蛋磕入碗中，打散。

08. 取出烤盘，放面坯，刷蛋液，每块上各放半个无花果，放回烤箱，以 200℃、上下火，烤 15~20 分钟后出炉即可。

烹饪秘籍

1. 淡奶油代替了黄油，节约了室温软化黄油的时间，也降低了热量的摄入。

2. 新鲜无花果外皮很嫩，可用少许盐轻轻搓洗外皮，再冲干净即可。

营养贴士

麸质是一种主要存在于小麦及其他谷物（燕麦、大麦和黑麦等）中的麦谷蛋白，少数人群对其过敏，严重的麸质过敏症患者吃下后，会肠胃受损，影响正常的营养吸收。普通人群不必完全奉行无麸质饮食原则，正常摄入谷物即可。

温暖了心灵

土豆可乐饼

烹饪时间 30 min　难易程度

柴田父子在冰冷的夜市中买了热烘烘的土豆可乐饼带回家，与家人吃着泡面一起分享土豆可乐饼。男孩儿脸上挂着满足与珍惜的神情，显得这种食物格外美味。有多少人是看了《小偷家族》，就喜欢上了这个日本小吃！

  主料

土豆	300g
猪里脊	200g
洋葱	100g

  辅料

面包糠	100g
牛奶	10ml
鸡蛋	60g（1个）

  调料

淀粉	1汤匙
食用油	120ml
黑胡椒粉	1茶匙
盐	1茶匙
番茄酱	30g

做　法

01. 土豆洗净去皮，切块，水开后上蒸锅蒸 15 分钟，至熟。

02. 关火取出，放入破壁机中，加入牛奶和 1/2 茶匙盐，打成土豆泥。

03. 洋葱洗净切块，用破壁机打碎，盛出待用。

04. 猪里脊洗净切成细条，用破壁机打碎。里脊肉不要打成肉泥，保留颗粒。

05. 平底锅加热，倒入 20ml 食用油，油热后，倒入洋葱碎煸炒至透明。

06. 随后加入肉末、剩余盐和黑胡椒粉，搅拌均匀，直到肉末变色成熟，一起盛入大碗中。

07. 土豆泥也放入大碗中，与洋葱、肉末搅匀，混成一个团，等分成 4 小块。

08. 淀粉、面包糠分别放入两个扁平的盘中，鸡蛋打入碗中搅拌均匀。

09. 取一块土豆团揉圆，捏扁，先周身沾一层淀粉，然后裹满蛋液，再滚一遍面包糠。

10. 锅中倒入剩余食用油，大火加热，待油温升高不断冒大泡时，放入土豆饼，油炸至两面金黄捞出，依次炸好所有土豆饼。

11. 盛入盘中，蘸番茄酱，趁热吃。

总热量：1574 千卡

食材	热量
土豆 300 克	**243 千卡**
猪里脊 200 克	**310 千卡**
洋葱 100 克	**40 千卡**
面包糠 100 克	**355 千卡**
鸡蛋 60 克	**87 千卡**
食用油 60 毫升	**539 千卡**

烹饪秘籍

1. 想要省时省力，可以借助破壁机或者料理机，效率会提高很多。

2. 切洋葱的时候，嘴里提前含一口水，这样，洋葱辛辣的味道就不会刺激到泪腺流出眼泪了。

营养贴士

面包糠作为油炸食物的辅料被广泛应用。它热量相对较高，主要含有碳水化合物、脂肪和蛋白质，易于消化吸收。油炸食物应尽量少吃，尤其在减肥塑身期间。需增重的人可以适当多吃油炸食物。

在香港街头为它驻足

咖喱鱼蛋

烹饪时间　难易程度

30 min

熙熙攘攘的香港街头，偶尔飘来微辣而辛香的味道。走近它，只觉得在金黄色的汤汁里翻滚的丸子，散发着迷人的诱惑，让人忍不住来上一杯。

总热量: 490 千卡

食材	热量
鱼蛋 250 克	**243** 千卡
洋葱 100 克	**40** 千卡
青椒、红椒 80 克	**21** 千卡
咖喱酱 40 克	**125** 千卡
椰浆 100 毫升	**61** 千卡

主 料

四海鱼蛋　　250g

辅 料

洋葱　　　　100g
青椒　　　　40g
红椒　　　　40g

调 料

咖喱酱　　　40g
橄榄油　　　1 汤匙
椰浆　　　　100ml
番茄酱　　　30g

做 法

01. 洋葱去皮，其中 80g 切 4cm 方块，其余洋葱切成末。

02. 青椒、红椒洗净去蒂去籽，切成与洋葱块同样大小的方块。

03. 平底锅烧热，倒入橄榄油，油热后倒入洋葱末，炒至透明，加入约 800ml 纯净水煮开。

04. 水沸腾后，加入咖喱酱，搅拌均匀后，加入椰浆和鱼蛋，大火烧开至鱼蛋体积变大，转小火。

05. 煮 10 分钟以后，先加入青椒、红椒同煮 5 分钟，再加入洋葱块煮 5 分钟出锅。

06. 用牙签把蔬菜和鱼蛋串起，淋上番茄酱，开心地享受这款小零食吧。

烹饪秘籍

1. 椰浆可以增加咖喱酱的黏稠度，也提升了香味的层次。

2. 最后可以淋辣酱，代替番茄酱。

3. 港式茶餐厅中更多的是直接煮鱼蛋，不加蔬菜。这可以随个人喜好而定。

营养贴士

港式炸鱼蛋是由鲨鱼、鳗鱼或者其他淡水鱼的肉加淀粉制作而成。鱼肉中含有丰富的镁元素，它是维持人体活动的必需营养素，有助于维持神经和肌肉的正常功能。

大阪烧

深夜食堂
的上镜美食

烹饪时间 20 min

难易程度

总热量：763 千卡

中筋粉 100 克	347 千卡
卷心菜 200 克	48 千卡
培根 80 克	145 千卡
鸡蛋 120 克	173 千卡
木鱼花 10 克	30 千卡
虾皮 10 克	15 千卡
香葱 20 克	5 千卡

主 料

中筋粉	100g
卷心菜	200g
培根	80g
鸡蛋	120g（2 个）

辅 料

木鱼花	10g
虾皮	10g

调 料

食用油	2 茶匙
盐	1 茶匙
照烧酱	10g
低脂沙拉酱	10g
海苔粉	5g
香葱末	20g

《深夜食堂》里，质朴而温暖的美食，总是带给食客们很大的慰藉。当然，少不了朴素又经典的大阪烧出镜。这是日本关西地区非常有名的小吃，有点像日本的铁板烧蔬菜煎饼，外面焦脆，内里香软。因为可以简单随意地烧制，所以统称为大阪烧，非常便于活学活用。

   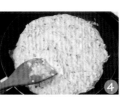

做 法

01. 将鸡蛋打入大碗中，加入盐、中筋粉和约150ml 的水，搅拌均匀。

02. 卷心菜去根、洗净、切成细丝，与香葱末和虾皮一同放入大碗中，搅拌均匀成蔬菜面糊，待用。

03. 平底锅烧热，倒食用油，油热后放入培根煎 1分钟。

04. 培根翻面后，倒入蔬菜面糊，使之平铺填满锅底，改为中火煎 2 分钟。

05. 面饼定型后煎至金黄，用铲子翻面，煎熟，放入盘中，培根面朝上。

06. 分别往两个保鲜袋一角倒入照烧酱和低脂沙拉酱，在三角尖处剪开小口。

07. 把酱挤在饼上，交错成井字状。

08. 撒上木鱼花和海苔粉，切成三角块即可食用，简单方便。

烹饪秘籍

1. 培根要跟生面糊结合在一起，才不会掉下来。

2. 传统大阪烧使用的是美乃滋或者蛋黄酱，由于其热量过高，本品换成低脂肪的沙拉酱，一样美味，却无负担。

营养贴士

卷心菜中钾元素和叶酸含量丰富，叶酸是备孕和怀孕女性非常需要的营养素。就维生素C 含量而言，卷心菜与橙子是同一量级的，维生素 C 能还原黑色素，促进胶原蛋白合成，因此卷心菜是美白护肤的天然食材。